U0106391

要經營一家咖啡店很困難……。
常常會聽到這句話，不過這是真的嗎？

　　各位可以向相關從業人員詢問看看業界的情況。除了少數站上時代浪頭的業者之外，大家大概都會異口同聲地說「我們這個業界的情況很嚴峻」吧。

　　星巴克、羅多倫、客美多咖啡店、塔利咖啡、PRONTO、珈琲館、星乃珈琲館、CAFÉ de CRIÉ、CAFFE VELOCE、ST.MARC CAFÉ、EXCELSIOR CAFFÉ……。

　　雖說「業界的情況嚴峻」，但光是大型連鎖咖啡店的名字就多到不勝枚舉。換句話說，不是也可以解釋為「市場有此需求＝有機會！」嗎？

　　總歸一句，最重要的關鍵還是在於自己是否真有「決心」要開一家咖啡店。所有成功的咖啡店老闆起初應該也都是在摸索中創業。

　　不過，成功的咖啡店和失敗的咖啡店有一定程度的模式可循。本書為了明示出這些重點，將會精選內容，盡可能以簡單明瞭的方式解說。

　　請各位務必參考這本書，開一家「屬於自己的咖啡店」！

開一間
與眾不同的
咖啡店

開一家咖啡店至少需要這些資金！
開店哪些地方需要多少資金
要事先做好估價

平均的開店資金 不滿10坪463．8萬日圓

日本的餐廳資訊網站「GURUNABI（ぐるなび）」旗下的店面資訊網站「GURUNABI PRO找餐廳店面」於2017年針對餐廳業者進行調查，顯示餐飲店的開店資金若是含裝潢設備的話，5～10坪以下的面積需100萬日圓～1000萬日圓，平均為463．8萬日圓（重新裝潢的話，同面積是400萬日圓～1500萬日圓，平均為666．7萬日圓）。

假設要開一家10坪大的店，所需的開店資金460萬日圓當中，即便三分之二的資金可以靠融資籌措，還須自備其餘三分之一約150萬日圓的資金。真的有意要開店開始存錢的話，若是住在租屋，除了房租之外，每月要存5萬日圓、存三十個月，也就是說，需要兩年半的期間。

然後，決意開店時，還需要一筆租店面的資金。雖然隨地點和條件的不同略有差異，以1坪1．5萬日圓來計算的話，10坪就是15萬日圓。一般而言，營業額要是店租的10倍，所以每月必須要有150萬日圓以上的營業額。當然，就算是稍微不便的地段，還是可以靠經營的方式

店面租用費
雖說要視開店的概念而定，不過就算是10坪以下的店面也足以讓客人滿意。若是外帶專賣店的話，有3～5坪左右就夠了。店面位處的地段也有差異，最好先確認一下白天和晚上會經過的人潮。

展示櫃、用品費
如欲準備一台昂貴的咖啡機，可能會需要一筆額外的資金。可以利用租賃品，或是向販售二手廚具的公司購買、以網路拍賣的方式購買。櫥櫃等展示櫃若自己動手做的話，將來對咖啡店也會更有感情。

開店資金的明細

店面、租賃費 11.3%（113萬日圓）

營業保證金、授權加盟金 4.7%（47萬日圓）

機器、展示櫃、用品 18.6%（185萬日圓）

總計 994萬日圓

內外裝潢費 44.0%（438萬日圓）

營運資金 21.4%（213萬日圓）

統計調查的對象店家包含設備費偏高的燒肉店等業態，僅供參考。
（出處：日本政策金融公庫《創業的指南＋》2016年8月）

開店資金的費用・明細・備註

	費用	1坪單價	備註
店面租用費	113萬日圓	約11萬日圓	日本一般會估算店租10個月份、禮金1個月份、仲介手續費1個月份當作保證金，總計12個月份。當然，人潮少的地段保證金也可能只要3個月份，隨地點而異。若是附裝潢設備的店面，可能還需要支付裝潢讓渡費等
內外裝潢費	438萬日圓	約44萬日圓	不附裝潢設備的情況下，一般1坪裝潢單價50萬～100萬日圓，不過根據工程內容有很大的差異。店面內外裝潢費、機器設備費等，務必事先請設計施工公司或廚具公司提出估價
展示櫃・用品費	185萬日圓	約19萬日圓	「展示櫃費」、「調理機器費」、「廣告宣傳費・促銷品製作費」、「事務用品費」、「消耗品費」、「菜單製作費」、「進貨費」等等
營運資金	213萬日圓	約21萬日圓	最好先準備3～6個月份的人事費、固定成本及前2個月的房租。因為剛開幕時收入暫時不會穩定，事先準備一筆就算無法達成業績目標，依然可維持半年營運的資金為上策
總計	947萬日圓	-	假定扣掉「營業保證金、授權加盟金」47萬日圓的情形

出處：參考2016年8月日本政策金融公庫《創業的指南＋》等製成

⋯內外裝潢費

占了開店資金的一半，所以盡量壓低成本。也有案例是直接利用原有裝潢或原有隔間。牆壁、天花板的粉刷等較簡單的工程可以自己動手做，這樣只要花材料費即可。

⋯營運資金

有的店開幕後隨即高朋滿座，也有的店業績不到預期的一半。如果繳不出房租，店面馬上就會面臨歇業的問題。同時也為了能持續進貨，請訂立充裕的資金計劃。

估算進貨費等等
開店後所需的資金

開店之後還會需要進貨，或可能發生來客數不如預期的情形，因此最好準備充裕一點的開店資金。事先準備好一筆金額，即使六個月沒有收入也能維持自己的生活費和固定開銷，這樣是比較保險的做法。

如同上述，開店資金不只是用於開店，對於維持經營也是不可或缺的。首先要釐清需要花錢的部分和可以縮減成本的部分。

然後，訂立不逞強的資金計劃，如果需要借貸，就要先好好確認是否能夠還清貸款再借貸。關於資金計劃的標準請參考上圖和第100～109頁的內容。

來彌補劣勢，但比起位於車站前這些便利地段的競爭店家，的確屬於劣勢。

要讓咖啡店的營運上軌道，需要多少「業績」和「利潤」？理解其中的構造很重要

從一杯咖啡的成本得知可以賺多少？

以貸款的方式來彌補不足的開店資金時，就表示要一邊提升利潤，一邊還錢。

比方說，融資1000萬日圓，年利1.5%的話，分十年期償還，即須月繳8萬9791日圓，是頗為沉重的負擔。

這裡要注意一點是，不要誤把每日的營業額當成利潤。

簡單來說，利潤是營業額扣掉房租、人事費等「固定成本」和進貨費等「變動成本」，並扣掉須償還貸款等各項費用後所剩下的金額（請參閱下一頁的圖表）。

以一杯咖啡賣500日圓的咖啡店為例，假設一天有40位客人上門，營業額是2萬日圓。這個數字還要扣掉成本才算是利潤。

譬如，支付店租15萬日圓、水電費等8萬日圓，還貸款9萬日圓後，利潤一口氣只剩下20萬8000日圓。

為了每個月穩定獲利，若只把重點放在咖啡等飲料上，客單價較低，會有難以提升營業額的缺點。

所以我們要先了解降低前面所說的固定成本和變動成本的策略。

若想盡可能提升更多的利潤，前提是要訂立業績目標，並且每個月能確實支付費用。

消除原料等的浪費 花工夫抑制原價率

開店初期和批貨廠商沒有交易實績，只能少量購入，假設1公斤咖啡豆以3000日圓買進的話，一杯咖啡使用20克咖啡豆的話，可單純計算出成本為60日圓。一日的毛利是1萬7600日圓。月額以無休計算的話，有52萬8000日圓。

此外，想辦法降低和營業額的波動無關、可每月計算定額的固定成本，也是一種獲利的方法。如果是小型咖啡店的話，靠一人或兩人來營運，就能降低人事費。

還有，為了要降低變動成本，減少廢棄食材的浪費，或重新檢討菜單也是手段之一。餐飲店的原價率一般為30%左右，只要確實管理好庫存，就能壓低商品的成本。

或者，還可以交替組合幾種成本低的材料，用於午餐等由多樣餐點組合成的菜單上。

另一方面，飲料雖具有較少材料廢棄浪費的優點，但能否有效率地提供原價率低的品

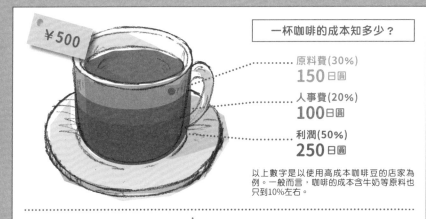

¥500

一杯咖啡的成本知多少？

原料費(30%)
150日圓

人事費(20%)
100日圓

利潤(50%)
250日圓

以上數字是以使用高成本咖啡豆的店家為例。一般而言，咖啡的成本含牛奶等原料也只到10%左右。

追求營業額與利潤

①營業額

②變動成本
（食材費、兼職的人事費等）

③固定成本
（員工的人事費、店租等）

④償還貸款的額度

簡化獲利機制的話，「①營業額」扣掉「②變動成本」就是「毛利」；毛利再扣掉「③固定成本」就是「利潤」（赤字時為「虧損」）。然後，若有貸款的話，還要扣掉「④償還貸款的額度」才是手頭剩下的利潤。

固定成本、變動成本的削減效果

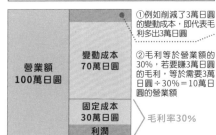

營業額
100萬日圓

變動成本
70萬日圓

固定成本
30萬日圓

利潤

毛利率30%

①例如削減了3萬日圓的變動成本，即代表毛利多出3萬日圓

②毛利等於營業額的30%，若要賺3萬日圓的毛利，等於需要3萬日圓÷30%＝10萬日圓的營業額

③而只要削減3%的變動成本，就可以省下②要賺到10萬日圓營業額所需的固定成本

固定成本＝與營業額的消長無關，每月一定支出的費用。主要為店租或人事費等
變動成本＝與營業額連動的費用。主要為原料費等

營業額－變動成本－固定成本－償還貸款的額度＝手頭剩下的利潤

項就成了一大重點。若是能快速供餐，對顧客來說也會是一項優點。

咖啡店的經營必須像這樣好好花心思取得業績和利潤的平衡。甚至有調查結果顯示，約有八成的餐飲店收支呈現逐漸虧損的狀態。

事實上，有許多經營者幾乎是在無薪水的狀態下工作。

為了避免自己也陷入這樣的窘境，首要之務就是了解獲利的重點。

至於業績目標的訂定方法和檢視菜單的方法，請參閱第146頁。

從經營者和顧客的觀點辨別成本該花在哪裡？

成本

90日圓
～
100日圓
左右

＊以拿坡里義大利麵為例

午餐菜單

如果只推出客人滿意度高的高成本菜單，會變得很忙碌，沒有賺頭。基於這一點，義大利麵的成本較低，大約10％左右，只要多加變化即可成為賺錢的品項。若占全營收的50％，就可說是成功了。

餐飲店的原料費通常為30％，義大利麵只有10％，可大幅壓低成本。

價格帶

3,000日圓
～
1萬日圓
左右

手寫板、菜單板

店頭最引人注意的就是菜單。便宜的雙面黑板約從3,000日圓起跳。只要立著小型的黑板，用粉筆畫出推薦菜單的插圖，就容易吸引目光。

也可到家飾中心買材料，自己動手做。

價格帶

5萬日圓
左右～

招牌、商標

店面的招牌和商標設計請向擅長規劃餐飲店的設計施工公司洽談。若想使用自己設計的招牌或商標，可以先給對方看手繪的示意圖，再交由專業人士來完成。

委託業者進行內外裝潢工程的話，也可以和對方討論含設計費的價格。

划算的餐點可減輕調理的負擔

我們在經營餐飲店時，會有堅持成本的商品，以及為求不虧損，同時滿足顧客也減少自己負擔而推出的商品。

比方說，於特惠的午餐組合提供義大利麵的話，由於義大利麵本身的成本低，就可將原價率壓低到10％左右。

不過，只要增加愈多菜單的品項，事前準備和調理就會愈費時，也會變成負擔。要說增加菜色到底能不能提升營業額？其實不受歡迎的菜色容易造成食材的浪費，操作上也會更加繁雜。因此，也為了縮短調理供餐的時間，一般的做法是精選1～2種每日特餐，固定菜單為4～5種左右。

價格帶

1萬日圓左右～
（椅子、桌子）

室內裝潢

桌椅會大大左右客人的舒適感和店內的氣氛。雖然價格大約1萬日圓起跳，不過也可以自己動手做。櫃台的部分就像是店鋪的門面一樣，所以請考慮看看是否需要特別訂製。

若店面附裝潢設備，就算只是換換沙發椅套，還是能改變給人的印象。

價格帶

50萬日圓～150萬日圓
（容量：400ℓ）

價格帶

50萬日圓～
（15個座位時）

廚房機器類

為保持食品新鮮，使用冷凍庫能減少食材的浪費，還能方便提升作業的效率，但隨機能和容量的不同，價格頗有差異。可藉由電腦管控來節約電費的機種更好。

有的二手貨可便宜三～五成，請確認是否有保固期或是否重新維修過。

用品類

準備比座位多2倍的杯子和杯盤在人多時很有助益。留意不要讓外帶用的紙杯、提袋等斷貨。餐具選擇不易破、輕量的材質能減輕負擔。

隨店面的規模、菜單、概念等而有所不同。

區分要花成本和不花成本的地方

根據某個調查顯示，顧客找到喜歡店家的方法大多都是「臨時起意」，據說占了入店動機的四成。

由這個結果可知，花點工夫讓人一眼看出這是什麼店非常重要。時尚的外觀形象固然令人嚮往，但還是要先明確區分出該花錢的部分。

尤其是代表著一家店形象的招牌和座位等部分，交給業人士來規劃會得到比較好的成果。請和專門設計店面的公司商量看看。

另一個令人意想不到而成本很高的部分是廚房機器的電費。特別是冷藏、冷凍的冰箱要選擇省電的機種。依產品而異，有的甚至夏天的電費差了2萬～3萬日圓。

Contents

第 1 章
向人氣咖啡店學習開店&經營的計畫

Category1 ⋯⋯⋯⋯⋯⋯⋯⋯⋯⋯⋯⋯⋯⋯⋯⋯⋯⋯⋯⋯⋯⋯⋯⋯⋯⋯⋯

堅持精品咖啡的
自家烘焙咖啡店

老闆21歲創業，第三家分店展店中！
開店的概念是每天都想去的吧檯咖啡館

2.6坪的小店也能生意興隆
香醇咖啡的提案方法

提前離開大企業，
展開穩當縝密的開店計畫！

Category2 ⋯⋯⋯⋯⋯⋯⋯⋯⋯⋯⋯⋯⋯⋯⋯⋯⋯⋯⋯⋯⋯⋯⋯⋯⋯⋯⋯

美味咖啡配美食！
餐點豐富的咖啡店

每週使用產地直送的蔬菜，
做成令人懷念的家常料理

第2章
設定核心概念，訂立資金計畫

第3章
設計菜單及挑選店面的重點

第4章
設計具有特色的店面

第5章
效果驚人！集客方案的企劃方法

的計畫

CONTENTS
第1章將以4個面向來介紹日本全國共10家咖啡店。
這些面向是……

category 3

以老闆的
獨創性取勝
個性派的咖啡店

想推廣咖啡文化而堅持提供單品咖啡
的店家，或是可品嚐到活躍於世界大
賽的咖啡師作品的咖啡店。

category 4

遇見藝文的
主題式
咖啡店

包含藝術、書籍、音樂、電影等，是
咖啡店也是傳播各種文化的根據地。
想向其學習集客創意的咖啡店。

| 第1章 |

向人氣咖啡店學習
開店 & 經營

在開店之前，在意的事情直接問咖啡店最理想！
概念設計、尋找店面、進貨，還有怎麼和夥伴一起DIY？
開幕之後，如何讓咖啡店的經營上軌道？
為了獲利下了哪些工夫等等。
是如何創業開店，又營運到了現在？今後有什麼規劃？

先讓我們聽聽10家店的老闆怎麼說。

category 1

堅持精品咖啡的
自家烘焙
咖啡店

除了自家烘焙的咖啡店，還有不只講
究單品咖啡，也挑戰原創特調咖啡、
讓咖啡行家也非常關注的咖啡店。

category 2

美味咖啡配美食！
餐點豐富的
咖啡店

咖啡店特有的簡餐、老派的義大利麵
與甜點總是令人神往。介紹提供午餐
定食、拉麵或現炸甜甜圈的咖啡店。

老闆21歲創業，第三家分店展店中！
開店的概念是
每天都想去的吧檯咖啡館

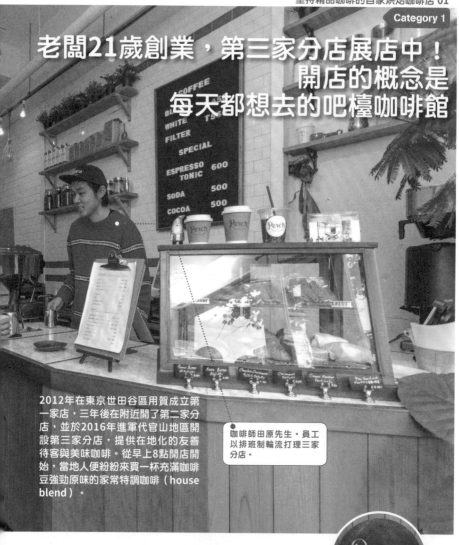

2012年在東京世田谷區用賀成立第一家店，三年後在附近開了第二家分店，並於2016年進軍代官山地區開設第三家分店，提供在地化的友善待客與美味咖啡。從早上8點開店開始，當地人便紛紛來買一杯充滿咖啡豆強勁原味的家常特調咖啡（house blend）。

咖啡師田原先生。員工以排班制輪流打理三家分店。

開店資金	
店面租用費	300萬日圓
設備費	400萬日圓
內外裝潢費	300萬日圓
營運資金	200萬日圓
預備費	200萬日圓
總計	1,400萬日圓
※自備資金	200萬日圓

向日本政策金融公庫取得400萬日圓、世田谷區的創業支援資金取得800萬日圓。內外裝潢費靠DIY縮減了成本。

注意重點

打造出與在地社區密切結合的店，以及友善的待客方式

向墨爾本咖啡店學習的顧客服務

1～3號店的概念設定與每家店的定位

パーチ バイ ウッドベリー コーヒーロースターズ
Perch by Woodberry Coffee Roasters
地址：東京都澀谷區惠比壽南3-7-1代官山島田大樓1F
TEL：03-6451-0446
營業時間：8:00～18:00
公休：無
交通：東急東橫線「代官山」站正面出口步行3分鐘

為了讓客人每天上門也不會膩，裝潢以木質和白色為基調，採簡約風格。

融資是每月還5萬日圓，共還七年就好，船到橋頭自然直。當初，我認為咖啡只能靠自己不斷摸索嘗試來累積經驗值。

從代官山車站只要步行3分鐘，低調的外觀相當融入街區的氣氛。一開店隨即出現一群急著上班的客人。

內用的空間設有長椅和邊桌，黑膠唱盤機播放著背景音樂。

開店故事

貼近地方 讓人每天都想去的店

位在連結了惠比壽、中目黑、代官山的三岔路口，鎗崎十字路口旁，開著一家小小的吧檯咖啡館（Coffee Stand）「Perch by Woodberry Coffee Roasters」（以下簡稱Perch）。店裡帶有溫度的木材和白色的裝潢由工作人員親自施作。櫃台後方設有小小的吧檯座位和長椅區。

飲料以準備時間較短的濃縮咖啡為主，餐點有餅乾、點心等，以及可隨手品嚐的糕點，讓客人可以順路來一下店裡，迅速喝個咖啡。

這家咖啡店是於2016年7月開幕的。2012年「Woodberry Coffee Roasters」率先在世田谷區用賀開幕，三年後在1號店附近新開另一家「Take it All」，

華麗新鮮的烘焙咖啡豆

親切又迅速地供應

（右）家常特調的拿鐵咖啡（小杯／450日圓）和薑味餅乾（250日圓）。（左）以燒杯盛裝的精品濃縮咖啡（標準杯／650日圓）和「紅豆奶油麵包」（280日圓）。

濃縮咖啡機使用義大利的「la marzocco」公司產品。店主認為只要選用好的咖啡豆，不管手沖或機器沖都能提供同樣的好味道。

日本少有小咖啡店單賣自家烘焙的咖啡豆。但是在美國這種情形很普遍喔。

接著才是這家3號店。

起初，1號店擔任的是「烘豆工房」的角色，2號店則負責提高自家作為「地方的咖啡品牌」的知名度，而3號店的目標則在於成為社區交流的場所。

貼近地方，以「每天都想去的店」為概念，老闆相當重視與客人之間的互動。

老闆木原武藏先生在高中時，經常喝連鎖咖啡店的咖啡，一直以為「咖啡的味道都一樣」。直到高中畢業後到美國留學時，才發現那不過是自己的偏見。

「我發現咖啡的味道會隨咖啡師而變化。於是想要自己沖泡看看而買了濃縮咖啡機，請朋友喝。」

受到衝擊的咖啡體驗

21歲時創立第一家店！

木原先生之所以到美國

現學！
現賣！
Sales Point

選擇有許多路人
「一副想喝咖啡的樣子」
的地方開店

　　「Perch」之所以決定開在現在的地點，是有木原先生自己的理由。那就是不只要人潮多的地段，還要有許多「一副想喝咖啡的樣子」的路人經過，據說這裡就是符合該印象的地方。

　　「這一帶有上班的人、居民、來玩的人不斷走在路上，而且正好位於三個車站的正中央，從各區都會有客人來光顧。我認為把店開在這裡可以朝一天賣1000杯的目標邁進。」

　　正因為這裡有不同的客群，所以更需要品質穩定的咖啡和親切友善的待客服務。

店面的地點位於車站附近交通流量大的十字路口旁，容易吸引路人目光。

麵包選用同樣位於代官山的「GARDEN HOUSE CRAFTS」的產品。糕點則由2號店製作。

在1號店販售烘焙好的咖啡豆。也會批發給其他餐飲店。

也有販售咖啡杯或磨豆機等各種相關商品。每個都是木原先生很有信心的推薦商品。

所有飲料隨時都可折抵消費50日圓的「會員卡」。

　　留學，原本是為了學習企業管理，進入一流企業工作。但是，在他大學三年級時，因為父親病倒了而暫時回到日本。之後又發生了311東北大地震。「當時全國上下充斥著『日本加油！』的氣氛，我真的很煩惱要不要繼續留學，但最後還是決定應該留在日本。」

　　於是，就在思考自己能做什麼事的時候，木原先生的腦海裡浮現了在美國體驗到的咖啡衝擊。

　　「那時，美國很流行喝日本還很少見的精品咖啡，採自然工序（乾燥方式）精製而成的咖啡喝起來有種像阿波羅巧克力的味道，讓我很驚訝。我想在日本開一家能提供這種感動的咖啡店。」

　　於是他隨即展開行動，卻不是到咖啡店累積工作經驗，而是在21歲時直接創業開店。開店資金活用世田谷區提

（上）木製的櫃台搭配白色牆壁，裝潢風格極其簡約，由員工親自施工完成。（下）店內裝飾著各式各樣的植物，呈現出平靜的氣氛。

店內設有座位，可以優閒度過咖啡時光。特點是天花板很高。

從單品咖啡到家常特調咖啡

「Perch」使用的咖啡豆是由擔任總店職責的1號店烘焙的。可以品嚐到華麗新鮮的咖啡滋味。

剛開始開店時，木原先生認為單品咖啡的魅力十足，所以直接買進烘好的豆子，但過了一年後，他開始嘗試在自家的店裡烘焙。

為了要「追求口味上的進化，同時拓展事業」，除了之前堅持的單品咖啡之外，他也著手研究家常特調的手法。

「員工一起到澳洲墨爾本觀摩時，發現有許多咖啡店一天可供應超過2000杯三種咖啡。甚至有客人一天外帶三

供的創業支援資金。成立1號店後，身邊多了一群想一起工作的夥伴，所以又陸續成立了2號、3號店，各司其職。

「為了要創造出讓人想一天喝好幾杯的味道，就需要靠自己調配開發」。

以優惠價迅速供應給老顧客

之後接著開張的，就是3號店「Perch」。而且，為了實現讓客人「每天都想來」的理念，新增了一項服務。

「在墨爾本的咖啡文化之中，在地咖啡已經是一件根深柢固的事。咖啡師會記住老顧客常點的咖啡，只要看到對方就馬上開始製作，並以優惠價提供。能夠提供這種服務讓我重新體認到什麼才是真正的咖啡師。」

參考墨爾本當地提供在地價格的做法，Perch也發行了「會員卡」，客人只要持卡消費，所有飲料可每天不限次數折抵50日圓。

牆壁和天花板統一漆成白色，挑高的天花板和植物是重點

以白色為基調的裝潢，利用挑高的天花板呈現出具開放感的氣氛，並把作業速度提升到極致，打造成高速度感的咖啡吧。我打算營造出這種感覺並逐漸想像出了概念圖。

PLAN DATA

面積：7坪、10席座位
設計～完工：約60天

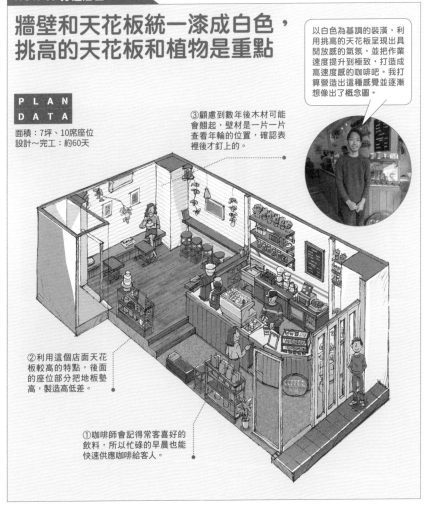

③顧慮到數年後木材可能會翹起，壁材是一片一片查看年輪的位置，確認表裡後才釘上的。

②利用這個店面天花板較高的特點，後面的座位部分把地板墊高，製造高低差。

①咖啡師會記得常客喜好的飲料，所以忙碌的早晨也能快速供應咖啡給客人。

1號店開幕至今過了六年，木原先生切身感受到日本咖啡文化有很大的進步。

「不過，目前精品咖啡在咖啡業界只占5％左右。我想要更加更加地推廣。現在我們去參加咖啡調酒大賽雖然也有單純為了好玩的性質，但我想應該也能拉攏一些酒吧業界的市場。今後我想像這樣繼續擴大精品咖啡的市場。」

只要概念的設定明確，
開店後就能看見接下來的發展！

2號店「Take it All」。2017年以「大人的點心」為主題重新整修。也有販售外帶咖啡。

位於世田谷區用賀的1號店「Woodberry Coffee Roasters」。有10席座位的咖啡店空間，可品嚐單品咖啡的滋味。

這裡很讚！

▼ 「讓想經營咖啡店的夥伴有能工作的地方」而增設分店

▼ 1號店、2號店的概念……在營運的過程中逐漸變得明確

▼ 3號店的概念……一開始就設定明確，訴求是為常客提供優質服務

三家分店各設定了不同的概念

陸續開了三家分店的木原先生，起初的目的並非為了擴大經營。而是因為想要一起經營咖啡店的夥伴增加了，為了給他們能工作的場所才增設新的咖啡店。

「再時髦的咖啡店要是少了員工的助力，客人也不會上門。有三家店的話，手藝高超的夥伴就在身邊，如此就能互助合作。」

這三家分店各有不同的概念設定。1號店蒐羅精選的單品咖啡，可讓客人品嚐到剛烘焙好最美味的咖啡。2號店的定位是負責製作所有分店的糕點。1、2號店的這些概念是營運中逐漸變明確的。

然而，3號店的概念打從一開始就清楚設定為「讓人每天都想去的吧檯咖啡館」。店

1. 施工前的空屋狀態。用電鑽在水泥牆逐一打上輕量的鐵架和木椽，初步完成牆壁的骨架。
2. 座位區旁的牆壁想使用質地溫潤的木材，所以造訪了好幾家木材行評估價格和材質。用氣動釘槍固定在骨架的木椽上。
3. 鋪設後方座位區的地板，調整到沒有空隙或傾斜的情況。電線會從地板下方拉，因為不能拆除重做，事前就先決定好插座的數量和音響的位置等。
4. 組合椽木做成櫃台的雛形。多次調整多角形的均衡感，相當講究。最後選擇充滿溫度和高級感的檜木來完成櫃台。

正因為是自己親手打造的店面才更有很深的感情！

　　員工親手進行店裡的裝潢施工，是2號店以來的第二次了。雖然DIY讓人感覺好像能壓低成本，但木原先生說「其實時間拖得較久，人事費和店租大幅超出預算。不過若有什麼情形的話，可以馬上自行維護，對店也會更有感情，以長遠的眼光來看還是有好處的」。他們一邊向設計師尋求建議，一邊完成工事。

幾近完工的狀態。因禁用有凹凸的招牌，而善加活用切割好的貼紙（第20～21頁的照片提供／木原先生）。

名的「Perch」是取「停在樹枝上稍事休息」的含意，清楚表達出希望客人如此看待這家店的想法。為了提供客人喝不膩的咖啡而研發出自家的特調咖啡，也是基於這個概念。

　　「因為概念很明確，所以能正面迎接挑戰，我認為是很大的關鍵。」

2.6坪的小店也能生意興隆 香醇咖啡的提案方法

想在日本讓更多人體驗自己留學時在墨爾本嘗到的美味咖啡，而決定創業。狹小的店內放著烘豆機，提供多種精選過咖啡豆的咖啡，讓初學者到行家都滿意。小店也能成就大事業的祕訣是什麼呢？

烘豆機使用的是德國「PROBAT」公司製的5kg機種。每天只烘焙需要的量，呈現出咖啡豆香氣豐富的滋味。

販售的咖啡豆除了單品咖啡之外，也有隨季節變換風味的原創特調咖啡。

開店資金

店面租用費	90萬日圓
設備費	480萬日圓
內外裝潢費	15萬日圓
營運資金	40萬日圓
總計	625萬日圓

（自備資金500萬日圓。向父母借125萬日圓）

自備資金500萬日圓是老闆還在上班時的儲蓄。設備費480萬日圓中，烘豆機就占了300萬日圓。

注意重點

活用狹小店面，設計出能表達自己想法的概念

小店特有的集客效果顯得人潮絡繹

為促進銷售，提供各式各樣的原創商品

メルコーヒーロースターズ
Mel Coffee Roasters
地址：大阪府大阪市西區新町1-20-4
TEL：06-4394-8177
營業時間：平日9:00～19:00
週六日、假日11:00～19:00
公休：週一
交通：大阪市營地下鐵四橋線「四橋站」步行2分鐘、長堀鶴見綠地線「西大橋站」步行3分鐘、御堂筋線「心齋橋站」步行7分鐘

墨爾本的咖啡店從早上到下午3點來客都絡繹不絕。我也想經營一家讓等待時也能開心的店。

位於轉角顯眼的店面。很多人會坐在店頭的手工長椅上喝咖啡。

挑選店面時，事先確認過是否可開洞裝煙囪。有可能需要一番工程。

開店故事

2003	於大型汽車公司上班。公司每年提供一次國外旅行
2008	向公司辭職，前往環遊世界之旅，造訪28個國家
2010	到墨爾本打工渡假，愛上咖啡，在烘焙咖啡店工作
2013	回國後回到之前的職場工作，週末到吧檯咖啡館幫忙，同時進行開店計畫。尋找過超過60間店面
2016.1	「Mel Coffee Roasters」開幕
2017.2	開設網路商店，3月推出濾掛式咖啡包

販售外帶咖啡和自家烘焙的咖啡豆

這家咖啡店從大阪最具代表性的鬧區心齋橋步行約需7分鐘。2016年1月「Mel Coffee Roasters」於新町區開幕。在面積僅2．6坪的狹小吧檯咖啡館（Coffee Stand）裡，坐鎮著一台大大的烘豆機。

「店裡用的烘豆機是1968年德國製造並重新維修後的中古貨，以前的人想製作出好物品的心意就是不同凡響。不同於現在的烘豆機，這台烘豆機的蓄熱性能佳，能確實導熱給咖啡豆。」老闆文元政彥先生這麼說。

除了文元先生在店頭販售烘焙好的咖啡豆之外，太太惠夫人則負責把咖啡豆批發到附近超過20家的茶飲店等。

店裡的咖啡只提供外

讓客人每天喝到美味的咖啡
想提倡這樣的生活風格

咖啡的風味會隨烘焙方式不同產生很大的變化，因此控制火候很重要。要用專用的測量器測量生豆的水分密度和色澤，並檢查是否有照自己的計畫烘焙等等，需要縝密的程序。

烘豆機是重新經過維修的1968年製中古貨。為了改造爐心等部分，花了300萬日圓（照片提供／文元先生）。

要開店的話，最重要的就是每天喝美味的咖啡。我也是靠這樣學會品咖啡的。

帶。也有許多客人手拿著現泡好的杯子，直接坐在店外的長椅上喝起咖啡。客群以當地居民和在附近上班的人為主，時而可見來自海外的觀光客。

咖啡只要選擇喜好的咖啡豆，可指定要濃縮咖啡、手沖滴濾或法式濾壓的沖泡方法。單品咖啡的價格是400日圓，對咖啡愛好者來說相當具有吸引力。

店頭總是熱鬧不已
也有感興趣而來訪的客人

來客數在夏天結束後，愈接近冬天就會愈多，據說一天可達100～120人左右（夏天大約70～80人左右）。從開始營業的上午9點（平日）起人潮逐漸增加，到中午時甚至是人滿為患的程度。這個轉角的店面反而可以創造熱鬧的景象。

路過的行人看到此景，大

現學！
現賣！
Sales Point

舉辦手沖咖啡的咖啡教室

　　文元先生是日本國內沖泡咖啡競技會「JBrC（Japan Brewers Cup）」認定的評審委員，同時也是在JHDC（Japan Hand Drip Championship）擔任評審的實力派。

　　活用此一實績，文元先生每個月都為想學習手沖的人士開設1、2次的咖啡課（學費2,500日圓）。解說磨豆和沖泡的方法、溫度和季節如何改變咖啡的風味等，專精的內容吸引不少粉絲，只要一公布開課訊息馬上就會報名額滿，相當受歡迎。

每次的咖啡課程都是不同內容。當天學員能以優惠價購買咖啡豆和沖泡器具。（照片提供／文元先生）

店頭和網路商店時時販售著7～8種烘焙好的咖啡豆。「新町特調」會隨季節變化風味。

和咖啡非常對味的「焦香奶油與蜂蜜費南雪」（100日圓）是從烘焙甜點專賣店「Pony Pony Hungry」進貨。

喜歡重烘焙的濃郁風味的話，推薦「季節特調」；喜歡清爽的淺烘焙就喝伊索比亞產「Alaka Natural」（各400日圓）。

想在有喝茶文化的日本提倡美味的咖啡

　　文元先生對咖啡產生興趣是在2010年到澳洲墨爾本打工渡假的時候。當時街上隨處可見客人在咖啡店開心地聊天，一面享受著香醇的咖啡和豐富的美食。

　　「在接觸到當地的咖啡文化之後，我就迷上了咖啡。我想要學習相關的知識和技術，所以也曾到咖啡店工作過。」

　　文元先生由衷希望能讓日本也產生「這家店很受歡迎，總是絡繹不絕」的印象，而想著哪天也來看看吧。

　　至於待客之道，常客只要說聲「老樣子」即可，而對咖啡不熟悉的客人，則會詢問對方的喜好。看對方是偏愛淺烘焙的清爽滋味還是重烘焙的濃厚滋味，分別介紹推薦的咖啡豆。如此親切的服務也讓他們不斷獲得新的客源。

（右上）濃縮咖啡機使用義大利的「la marzocco」公司產品。（左上）原創的馬克杯和茶匙是限量販售。（右下）提袋上的插畫也呈現出這家店的氣氛。（左下）很多客人會在外面等待，所以把菜單夾在板子上以便拿取。

後來，文元先生買了咖啡機自己在家沖泡。

有感於「每天烘豆就可以享受最新鮮的香氣。咖啡對於這種生活風格是不可或缺的」的想法，他想在自古有喝茶文化的日本推廣咖啡，而決定獨立開店。

文元先生在墨爾本旅居三年後回國。平日在之前的職場工作，週末就到吧檯咖啡館幫忙，一邊進行開店計畫。

「如果在日本開一家像墨爾本那樣的店，收支可能無法平衡，所以我才想到那自己來烘豆看看。」

文元先生的目標是成為在家鄉新町區生根的咖啡店，他每週一次到處看房子。據說花了兩年半的時間才找到中意的店面。

「雖然新町區的路人比較少，但是走進店裡就會發現很熱鬧——我覺得這裡可以打造

說大受好評。

出這種好喝的咖啡店形象。」

讓小咖啡店損益平衡的手法

店裡販售的咖啡，除了單品咖啡之外，還有「新町特調」、「季節特調」等容易讓人接受且風味宜人的獨創商品。

此外，為了讓客人也能在家享用美味的咖啡，還供應「濾掛咖啡組合包」及「送禮組合包」等商品。如母親節禮品組或於情人節時推出結合巧克力的咖啡等，下了許多工夫在拓展銷路。

店裡甚至建制了定期購買咖啡豆的系統，咖啡豆以每日一杯咖啡，總計約20天左右的分量免運費宅配到家（200公克／1980日圓）。有單品咖啡、特調等每個月不同種類的咖啡豆送到客人府上，據

充滿手作感的店內
是「made in 家飾中心」

拆除之前的裝潢前，有先確實和房東、工程師討論好誰負擔哪部分的費用。

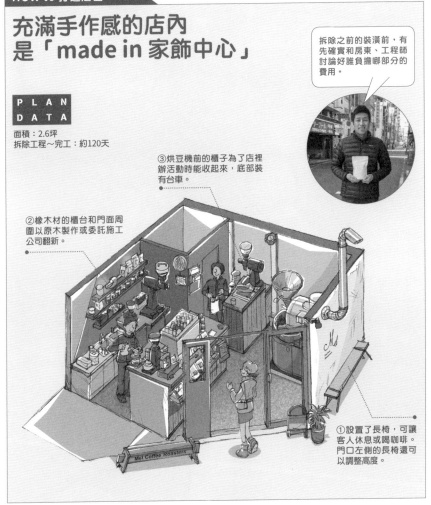

PLAN DATA

面積：2.6坪
拆除工程～完工：約120天

③烘豆機前的櫃子為了店裡辦活動時能收起來，底部裝有台車。

②橡木材的櫃台和門面周圍以原木製作或委託施工公司翻新。

①設置了長椅，可讓客人休息或喝咖啡。門口左側的長椅還可以調整高度。

Mei Coffee Roasters

咖啡豆的販售量也因此增加，比一開始的時候多了好幾種品種。

買進的精品咖啡豆有「巴拿馬翡翠莊園藝妓咖啡」，以及在沖繩栽種、日本唯一受到認定的精品咖啡「安田有機咖啡」等，珍貴的咖啡豆也引起話題。

這些經營策略奏效，讓這家小小的咖啡店開業不到兩年就穩健地獲得從行家到初學者的固定客源。

Category 1

幾乎天天用荷蘭「GIESEN」公司製的2kg烘豆機烘豆，每月烘焙約60kg的咖啡豆。除了單品咖啡，另可品嚐三種香氣濃郁的特調。

提前離開大企業，展開穩當縝密的開店計畫！

曾在製藥公司從事臨床開發、職位相當接近經營中樞的新井先生，打算藉由喜愛的咖啡開店，因而從頭開始學習。在尋找店面的同時，他以自學和參加講座的方式習得沖泡咖啡的技巧。以細心累積的資料為本，在家鄉埼玉縣川口市達成開店的心願。

開店資金

店面租用費	96萬日圓
設備費	454萬日圓
內外裝潢費	790萬日圓
餐具、用品費	100萬日圓
營運資金	120萬日圓
總計	1,560萬日圓

開店資金是利用退休金。內外裝潢委託擅長利用舊木材翻新的設計公司處理，所以花了比較多的成本。

注意重點

地段條件與開店概念之間的平衡

開店前參加講座學習技術並累積資料做好準備

不只針對行家，是如何向一般客人傳達咖啡的魅力

AMBER DROP
COFFEE ROASTERS

アンバードロップコーヒーロースターズ
AMBER DROP COFFEE ROASTERS
地址：埼玉縣川口市幸町2-15-4ノザキヤ大樓1F
TEL：048-494-9633
營業時間：平日12:30～20:30（cafe L.O. 20:00）
週六日、假日11:00～19:30（cafe L.O. 19:00）
公休：週二、週三
交通：JR京濱東北線「川口」站步行8分鐘

販售的咖啡豆附有簡易的說明，並注重命名和標籤的顏色，在包裝上也花許多心思來展示。

上門的並非全是懂得精品咖啡的客人，所以有考量過如何簡單明瞭地傳達。

（上）為了讓客人好進門，正面入口採用整片玻璃門。（下）烘豆機為了辦活動時好移動，底部設有輪子。

在有許多購物客往來的商店街旁開店

咖啡店「AMBER DROP COFFEE ROASTERS」（以下簡稱AMBER DROP）坐落於從JR川口站步行8分鐘的地方。地點在十字路口旁的顯眼位置，店的前面是公車行經的路線。與此交會的商店街一路綿延，便宜的熟食店、大排長龍的蔬果店林立，一大早就洋溢著一般民眾的生命力。

販售自家烘焙咖啡豆並同時經營咖啡店的「AMBER DROP」正面是整片落地的玻璃門，可以看見店內，給人容易走進去的印象。「不只是咖啡行家，我希望一般人也能對咖啡產生興趣」這是老闆新井寧夫先生為客人所做的考量。

他於2016年開店的一年前左右開始尋找店面。從東京出發找到埼玉縣，看到這裡

適合搭配咖啡的甜點
可以嚐到口感、香氣、醇濃和苦味

（右上）老闆大推的「戈貢佐拉生起司蛋糕」。上頭佐上無花果、核桃，淋上黑糖蜜，和重烘焙的咖啡很搭調。（左上）「牛奶與黑巧克力蛋糕」選用2種比利時巧克力（各480日圓）。（左下）起司烤吐司套餐會附上自製的醃蔬菜（850日圓）。

我把適合搭配咖啡的甜點食譜交給太太，請她幫忙製作。

除了KONO點滴式手沖咖啡，也提供濾布式手沖咖啡（600日圓）。活用濾布式的特點來表現咖啡的風味。

就馬上決定了。從人行道上即可窺見時髦的室內裝潢，放著玻璃瓶裝咖啡豆的櫃台，以及櫃台和座位間確保娃娃車也能通行的距離，對客人的用心可見一斑。

「之所以決定在這裡開店，是因為雖然來購物的人看得見這家店，但門口不直接面向商店街，這是一大重點。如果門口面向商店街，那這家店的概念設定也許會變調也說不定。」

這裡原本是家印章店，委請施工公司改造成可在自家烘焙的咖啡店，並把煙囪接到四層樓高的公寓屋頂。

現在，在店裡喝咖啡的客人和買咖啡豆回去的客人比例大約是6：4。原本設定的目標是讓喝完咖啡的客人買咖啡豆回去，所以可說是已經相當接近目標。

現學！
現賣！
Sales Point

2種優惠服務
喝咖啡更划算

　　為了讓第一次上門的客人再度光臨，「AMBER DROP」設計了優惠措施來增加客人下次來店的樂趣，頗為奏效。共有2種吸引客人的優惠。

　　令人開心的第一個優惠是，只要以5,400日圓購買十杯份的「咖啡券」（上圖）就免費多送一杯。其二是集章卡（下圖），每次購買咖啡豆可蓋1點，集5點送一杯咖啡，集9點就可換取100g想要的咖啡豆。購買時，店家會幫忙記錄咖啡豆的種類，客人可以當作下次選購的參考。另外，客人於生日的月份消費可享有2倍集章的優惠。

阿法奇朵各地選用混合咖啡豆沖泡出濃縮咖啡，接著再淋到濃厚的開心果和香草冰淇淋上享用（700日圓）。

可以選2〜3種喜歡的咖啡豆，以禮盒包裝發送到各地。

我們使用厚切吐司，所以一般的烤吐司機不容易烤好。

理科出身特有的
縝密開店計畫

　　新井先生創業前是在製藥公司負責經營策略的工作，當然之前並沒有餐飲業的從業經驗。因此從開店前兩年就開始學習沖泡咖啡的技術，在短時間內蒐集各種資訊，並且整合了人脈。

　　例如，他挑選東京都內中意的21家咖啡店，每家都去探訪好幾次，當作開店的參考。同時購買了烘豆機，每個月在家裡練習3、4次的烘焙，共達95次之多。

　　當然，還要用自己烘好的咖啡豆沖泡咖啡請朋友們試喝，多次聽取客觀的意見，如此反覆進行。

　　而且他還去參加咖啡講座和研習會，學習杯測、混合、品評咖啡，甚至是生豆鑑定的技術。並且為了獲得咖啡領域的

（右上）裝潢以法國的自家烘焙咖啡店為意象。結合舊木材和鐵打造而成的桌子和長椅很有味道。（左上）烘豆時不時檢查溫度、勤做筆記的新井先生。（右下）也有販售咖啡的相關器具。（下中間）開店前構思店面打造及記錄烘焙資料的筆記本有好幾本。（左下）生豆分裝收納在箱子裡。

以外的知識，也很務實地去參加創業課程學習一般的經營管理學。

說來或許如同讀教科書一般的制式，但新井先生出示他用Excel累積下來的資料，不禁讓人驚嘆或許很少有人能徹底執行到這個地步。不愧是理工科系出身的人，詳細的資料似乎也印證了他已經實踐開咖啡店的夢想。

利用前一份工作的知識傳達咖啡的效用

店面的陳設充分展現出老闆對咖啡的熱愛。店頭擺放著數種不同焙度的咖啡豆。

「服務客人時，我特別著重於協助對方找出喜好的咖啡」新井先生說。店裡有三種原創的特調，為了讓客人容易聯想其特徵，分別命名為「花香」、「和諧」、「穩重」，並在菜單上詳加介紹這些特調各自的風味。

另外，蛋糕是由新井先生構思食譜，再由太太和美小姐製作，特地設計成適合搭配咖啡的口味。比方說，「奶油烤起司蛋糕」上的配料是黑醋栗果醬和酸奶油，可享受味道的層次變化，建議搭配的咖啡是「和諧」或哥倫比亞、偏酸的巴拿馬。

還有，「牛奶與黑巧克力蛋糕」使用比利時巧克力，可品嚐到生巧克力和偏濕潤的兩種口感，推薦搭配偏苦濃厚的「穩重」，或印尼、巴西產的咖啡。

乍看之下，這家店在川口市算是異類，但地段佳，有不少年輕女性和帶孩子的媽媽經常來光顧。

今後，老闆打算利用以前職場習得的知識和經驗來服務客人。

「像是咖啡含有的咖啡因

整片落地玻璃門面
也能展示販售的咖啡豆

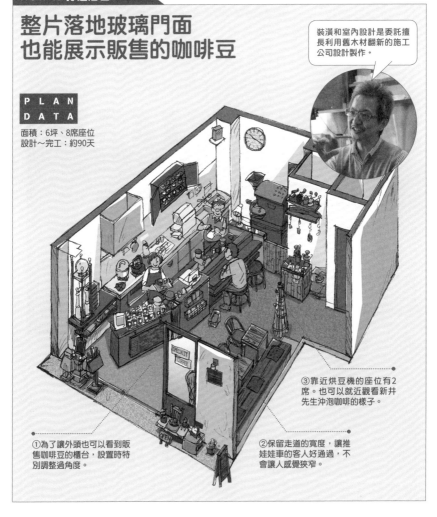

裝潢和室內設計是委託擅長利用舊木材翻新的施工公司設計製作。

PLAN DATA

面積：6坪、8席座位
設計～完工：約90天

③靠近烘豆機的座位有2席。也可以就近觀看新井先生沖泡咖啡的樣子。

①為了讓外頭也可以看到販售咖啡豆的櫃台，設置時特別調整過角度。

②保留走道的寬度，讓推娃娃車的客人好通過，不會讓人感覺狹窄。

具有預防帕金森氏症和腫瘤免疫的抗癌作用，我希望更簡單明瞭地告訴客人這些知識。」

從2018年開始，老闆將平日的營業時間晚1小時開門，因為他想要研發出滋味飽滿、更令人滿意的咖啡。

日後也打算以咖啡教室的經驗為基礎，舉辦有關如何經營咖啡店的講座。擴展咖啡事業的方向已漸趨穩固。這是一家少了老闆自身的經驗就難以成立的店。

為了吸引顧客回流
重新檢討折扣方案與菜單

濾布手沖咖啡會搭配專門為此混合的咖啡豆，運用濾布的特徵呈現風味。

畫在黑板上的「咖啡風味地圖」是新井先生自己手繪而成。以英語寫成，反而讓對咖啡不熟悉的客人產生興趣。

這裡很讚！

咖啡風味地圖對客人產生意外的效果	隨機應變的顧客服務，採取靈活的經營手法	回應顧客心聲，經營者力圖充實菜單的觀點

對定期購買咖啡者
擴大實施優惠服務

據老闆說在「AMBER DROP」，經常會因為店頭黑板上手繪的「咖啡風味地圖」（上方照片）而與客人展開對話。

雖然是以英語的圖示說明店裡販售的咖啡豆風味，但新井先生說「經常會有客人問『這是什麼？』而成為開啟對話的契機」。

顧客服務從2016年開業以來就分成兩大系統，一是針對來喝咖啡的客人設計出「咖啡券」，二是針對來買咖啡豆的客人設計出集章卡。兩者都有折扣優惠，不過新井先生表示「一開始時，客人都只是來喝咖啡，不太願意買咖啡券，直到有人問咖啡券能不能用在蛋糕套餐上」。

於是，就在開店滿周年

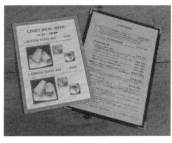

以獨創的擺設裝飾出很有趣味的店頭

（右上）關於咖啡的風味，菜單表上附有詳細的解說。
（左上）店裡販售的咖啡豆一覽表。原創的特調如「花香」會以「有著類似花香和水果的酸味，冷掉後宛如檸檬茶」這般引人好奇的表現方式精準說明。
（右下）店頭利用古董傢俱和植物打造出獨有風情的景色。
（左下）第31頁的看板背面換了另一個不同的風格寫著飲料菜單，這也是出自新井先生之手。

時髦摩登的裝潢和手作的看板很搭調

　　包括「咖啡風味地圖」在內，置於店頭的看板和菜單其實全是出自新井先生之手。一如他所言「想要打造出很有特色的店得砸重本」，斥資790萬日圓委託設計施工公司製作的內部裝潢，給人一種時髦摩登的印象，有趣的是，和新井先生很有味道的手工品居然很搭調。

店頭也有用黑板寫著迷你的菜單，吸引路人目光。

紀念之際，新井先生嘗試把咖啡券以八折價搭配咖啡豆一起促銷，回流客才終於增加。利用這個經驗，2018年起不只單點咖啡，蛋糕套餐等也適用咖啡券，結果大獲好評。

起初店裡也只有提供起司蛋糕，不過後來發現有客人不敢吃，所以也增售了巧克力蛋糕。

藉由回應客人的心聲來增加客源，期盼能讓來喝咖啡的客人買咖啡豆回去。

每週使用產地直送的蔬菜，做成令人懷念的家常料理

想提供一個讓所有人像在「自家」般放鬆的地方……老闆夫婦以這樣的心意開店。菜單上供應的定食大多有著讓人覺得熟悉、懷念的味道，並且會搭配時令蔬菜做成的前菜和味噌湯。吃家常菜填飽肚子，喝咖啡端口氣，對附近的上班族和當地居民來說，這裡有如第二個飯廳，深受喜愛。

櫃台和桌子是老闆自行DIY完成。利用鷹架的基材營造出陳舊感。新品的椅凳也用油性塗料和砂紙施以舊化加工。

開店資金

店面租用費　　　　　70萬日圓
室內裝潢費
（含設置廚房機器費）　70萬日圓
室內裝潢材料費（DIY用）
　　　　　　　　　　15萬日圓
室內裝潢費（椅子）　5萬日圓
廚房・調理機器、餐具等
　　　　　　　　　　40萬日圓
總計　　　　　　　　200萬日圓

水電以外的室內裝潢，以及室內裝飾的製作等都是以DIY的方式進行，因此得以不用借貸就開店。

注意重點

概念設定是打造所有人都能放鬆、散發令人懷念的「昭和感」空間

菜單反映出招牌的「家常味」

藉由DIY營造出不過於整齊劃一的室內裝飾

ネマルカフェ
Nemaru Cafe

地址：東京都新宿區水道町1-23石川大樓2F-2
TEL：03-5579-8560
營業時間：週一～週五11:30～22:00
公休：週六、週日、假日
交通：東京地下鐵有樂町線「江戶川橋站」步行4分鐘、東西線「神樂坂站」步行6分鐘

除原創的Nemaru Cafe特調咖啡豆（100g／500日圓）之外，還有販售每月特調（100g／600日圓）及濾掛咖啡組合包。

「昭和」般的復古感是另一個概念設定。我們想提供一個不會太過整齊、能夠放鬆的時間和空間。

12坪的面積雖然不大，但兩面採光，所以充滿開放感。入口採用玻璃門，可以看見店內，給人容易走進去的印象。

咖啡店所在的大樓裡有好幾家餐廳，在附近公司上班的人會來這裡吃午餐。

開店故事

2012	春天時太太恭子女士從公司離職。開始具體討論開咖啡店的事宜
2012.5	以鄰近自家的江戶川橋地區為中心，在附近尋找店面。同時開始開發菜單
2012.7~8	7月簽約承租店面。8月委託業者進行瓦斯和水管等的施工
2012.9	以DIY的方式粉刷牆壁、製作櫃台餐桌、書架等
2012.10	「Nemaru Cafe」開幕

利用時令蔬菜 提供家常味的定食菜單

「Nemaru Cafe」位於距離東京地下鐵江戶川橋站步行4分鐘、神樂坂站步行6分鐘的矮大樓二樓。概念設定是一個「所有人都能像在自家般放鬆的地方」。充滿懷舊感的手作空間，菜單內容也不特別標新立異，以一般家庭常吃的菜色為主。

採訪當天的午餐是南蠻雞肉定食。炸得軟嫩的雞肉佐上清爽的塔塔醬，搭配新鮮的生菜沙拉，令人食指大動。彈牙的五穀米飯也是營養滿滿。

定食菜單共有5種。除了3種招牌的菜色「3種烤魚定食」、「每週定食」、「老派的粗義大利麵」以外，還有晚間限定的「紅茶滷豬肉定食」、「古早味歐姆蛋包飯」2種。所有定食都附前菜和味

想以實惠的價格提供更美味的招牌家常料理

（右）每週更換菜色的定食（950日圓）有主菜、以新鮮蔬菜做成的沙拉等前菜、味噌湯和當季的水果。米飯可以選擇白飯或五穀飯。（左上）17點前還免費附飲料。櫃台旁的推車備有咖啡、紅茶等6種飲品，請客人自行取用。

令人彷彿置身昭和咖啡店的冰淇淋汽水（600日圓）和新鮮奇異果做成的水果昔（500日圓）。奇異果也是堀越先生老家採收的作物。另有鬆餅等甜點。

> 以前也曾經提供過單品料理，不過晚上還是以定食為主軸，供應「晚餐套餐」、「晚間咖啡套餐」等與飲料搭配的套餐。

噌湯，還有當季的甜點，每份950日圓。從11點30分到17點前的時段，還免費附咖啡、紅茶、烏龍茶或每週更換的茶飲。

沙拉和義大利麵的食材、味噌湯中使用了老闆堀越大輔先生於茨城縣老家栽種的少農藥蔬菜，連味噌都是自家製。不僅壓低了成本，也用心在設計出營養均衡的定食。

這些蔬菜的使用方法相當考驗夫人恭子女士的手藝。因為據說在打開包裹前，她都不知道老家每週寄來的是什麼新鮮時令蔬菜。

「在收到的蔬菜中，我會先使用容易受損的葉菜類，一週的後半再使用根莖類蔬果……會像這樣盤算好一週的蔬菜菜單」。定食的米飯和義大利麵可免費升級大碗，廣受年輕的男性顧客好評。

濾杯使用HARIO V60，一杯一杯仔細手沖。由4位員工組成輪班制，營業時間內基本上都是3位員工合作。

適合在飯後飲用、口感均衡的原創特調咖啡是委託烘豆所製作再販售。

菜單上的花草茶也很受歡迎。恭子女士考取了藥用植物的證照。品項也增加到10種之多。

現學！
現賣！
Sales Point

**讓興趣升級
創造實質效益!?**

店裡使用的餐具，大多都是堀越夫婦基於共同興趣蒐集而來的陶器，以栃木縣的益子燒和沖繩的「Yachimun」為主。

陶器本來是很容易摔破、缺損的東西，但特別是沖繩的陶器，賣點就是連在餐飲店都能使用，相當耐用。從開店一直使用到現在，據說幾乎沒有摔破過。另外，木質餐具的優點是重量輕，女性員工也容易拿取。

店內也有展示販售，不過目前銷路似乎還不盡理想的樣子。

廚房屬於開放式，但可以利用放在櫃台上的碗盤來遮擋視線。將餐具當作室內裝飾的一部分也別有一番風味。

像老家一樣令人放鬆
又莫名懷念的空間

店名「Nemaru」是日文的古語，意思是「慢慢坐」、「放鬆」。一如其名，一踏入店內，周圍的空間會讓人產生彷彿回到老家的錯覺。

店內擺放著以很有味道的基材組裝而成的櫃台和桌子，還有一整面牆的書櫃，都是老闆親手打造完成。聽說他們是和家飾中心的店員討論後，再備齊材料製成。而桌布和椅子上的軟墊等等，則使用堀越先生的母親手織的布匹做成。

咖啡店周邊有許多辦公大樓和中小型的印刷廠林立，但餐廳的數量卻相對較少。於二樓開店這一點看似不利，不過同棟大樓裡還有幾家餐飲店，所以附近的上班族從以前就知道可以來這裡用餐。

因此，「我們的店一開

（右上）手工打造的桌椅和手織布做成的桌巾、軟墊很搭調。（左上）入口旁靠路邊的桌椅座位。（右下）掛在牆壁上的插畫是員工的作品。店裡有許多充滿手作溫馨感的物品。（左下）定食全部都是950日圓。因為沒有設置收銀機，為了方便找零，甜點和飲料大多是均一價。存放許多100日圓和50日圓的硬幣找錢用。

「幕就有客人上門了」恭子女士這麼說。

來店裡吃午餐的客人以在附近企業上班的人為主。中午12點多時店內人最多，不過也有不少人會錯開正午，利用午休的時間來，所以到傍晚都持續有客人上門。

晚上因近年來周邊增加不少公寓住戶，下班後來店裡吃晚餐的客人不在少數。

他們常加點一杯啤酒或葡萄酒，搭配定食小酌之後再返家。換句話說，這裡宛如當地居民的「第二個飯廳」，深受喜愛。

晚間供應定食＋酒精飲料 變身當地居民的飯廳

本來就喜歡到處尋訪咖啡店的恭子女士，從以前就打算自己也來開一家咖啡店。現在店裡提供的咖啡，就是從當時遇到而中意的烘豆所進貨。為了適合飯後飲用，委託烘豆所調配成香氣華麗、風味穩重醇厚的咖啡豆。

如果店裡的咖啡豆用完的話，烘豆所就位於可以馬上去買的距離。恭子女士表示在咖啡店開幕之前，「有先請教過沖煮出美味咖啡的方法」，所以每杯咖啡都會仔細手沖。

營業時間從11點30分一直到22點打烊，中間不休息，除了老闆夫婦之外店裡還有四位工作人員，基本上在營業時間內都是以三人體制運作。

沒有餐廳的從業經驗 邊經營邊發揮創意

堀越先生的本行是自由作家，白天的營業交給恭子女士和員工，晚上則到店裡幫忙。

儘管如此，夫妻兩人在學生時期，都只有在餐廳打零工的經驗。從菜單的開發到備料的步驟都是邊開店邊實際摸

打造放鬆不拘束的氣氛
只要自己DIY就能降低成本

只要委託業者施工，就能裝潢得很專業美觀，但我們想要感覺更加無拘束的室內設計，所以自己動手打造。

③想要供應湯品或味噌湯的話，只要有悶燒鍋就不用反覆加熱，非常方便。

PLAN DATA

面積：12坪、17席座位
拆除工程～完工：約90天

②除廁所是房東負擔外，幾乎是無附裝潢的狀態。為了設置管線，把廚房的地板墊高，如此一來調理時也能將座位一覽無遺。

①廚房機器等是購自二手貨、消耗品都齊全的餐廳用網路商店。椅子則是以網拍購得或利用二手傢俱。

為此兩人下了不少工夫，其中之一就是使用2.2mm的粗義大利麵營造出「懷舊咖啡店的拿坡里義大利麵」的感覺，事前先將麵條水煮到八分熟。等客人點餐後再和食材一起炒、淋醬汁拌勻，縮短了供餐的時間。

不只開店之前，營業時間內也會一邊視來客的情況一邊為隔天備料，所以腦袋總是不停在運轉。

「雖然工作很吃重，但希望今後能慢慢不用逞強，更從容地經營」老闆說。

索。

外部裝潢以山中小木屋為意象。春日井先生表示：「我不想太刻意裝飾，希望給人一種『因為太喜歡甜甜圈，所以就開店了』的感覺。」

「最好吃的甜甜圈是剛炸好的。雖然事先做好在作業上比較輕鬆……」老闆春日井先生說。他開了一家吧檯式的店，使用北海道產的食材，以店頭的鐵鍋現炸甜甜圈。雖然如今的時代，連在便利商店也能買到便宜的甜甜圈，但這種具有臨場感的現炸販售方式讓他開店兩年就在地方生根。

店頭的櫃台前有2席座位，可以現場品嚐甜甜圈。就算下點雨也不至於淋濕。

小學生到老人家都展露笑容！花兩年時間在地生根的甜甜圈專賣店

注意重點

因活動擺攤賣出心得，實現了低成本又穩定的實體店面

店頭設有鐵鍋，在客人面前現炸甜甜圈的販售形式

思考下一步的發展，開發新商品

ヒグマドーナッツ
HIGUMA Doughnuts
地址：東京都目黑區鷹番2-18-16
TEL：03-6873-8803
營業時間：10:00～20:00（賣完即打烊）
公休：週二
交通：東急東橫線「學藝大學」站步行4分鐘

開店資金

店面租用費	60萬日圓
內外裝潢費	160萬日圓
機器設備費	80萬日圓
展示櫃費	20萬日圓
總計	320萬日圓

因店面是簽兩年的定期租賃契約，所以含房租在內的押金不算貴。內外裝潢的工程也藉由DIY縮減成本。

店面前的馬路也是通往大型超市的路線，所以雖然商店不多，但時時有人經過。

我一向不會對客人說「歡迎光臨」，而是「你好！」。

在古物店買的熊雕像。把原本熊嘴裡叼的鮭魚加工成甜甜圈的形狀，一如店家的商標。

一天賣出400～500個甜甜圈的人氣店

從東急東橫線的學藝大學站步行4分鐘，站前商店街的巷弄裡某間獨棟建築的一樓，有家吧檯式的店「HIGUMA Doughnuts」。店面有如章魚燒的攤位般面向馬路，供應現炸彈牙的甜甜圈。在假日繁忙時，一天甚至可賣出400～500個甜甜圈，是家相當受歡迎的店。

開幕至今過了兩年，現在這間店已經完全融入了當地，想利用當地的食材展開什麼新事業，打造出讓生產者能獲得收益的系統。」

笑容跑過來說「老闆好！」，也會有老人家坐在長椅上稍事休息。

這家店是經營音樂與時尚相關設計公司的春日井順先生於2016年6月開創的新事業。特點是甜甜圈的原料，包含麵粉、牛奶、奶油、砂糖等都堅持選用北海道產的商品。

「我是北海道人，離開故鄉後有感於北海道有非常多美味的食材，卻沒有好好推廣給大家知道，非常可惜。所以我

現炸的甜甜圈搭配霜淇淋，還有手工香腸！

（右）從左上順時針起，分別是以無農藥栽種的檸檬汁和果皮做成的「檸檬甜酒」（280日圓）、外帶最受歡迎的原味（220日圓）、撒滿無農藥栽種黃豆粉的「鹽味黑豆黃豆粉」（260日圓）、巧克力（300日圓）口味的甜甜圈。（左）老闆在客人面前以大大的鐵鍋炸甜甜圈。一次能炸8個左右。

甜甜圈與咖啡的套餐。比起單點，甜甜圈的價格便宜20日圓。

> 新菜色的研發要到100%確定好吃的階段才會正式開始販賣。

話雖如此，要處理複數以上的商品，若沒有相關的知識和資金也難以實現。既然如此，他想到那就以某種「單品」為主打，讓人口耳相傳「有人用北海道的食材做出好吃的美食」。

北海道包含乳製品在內，也是紅豆等甜點原料的寶庫。於是，他注意到似乎比較能輕鬆做出來的甜甜圈。

既然要開店
就要成為社區的據點

春日井先生認為既然要開店，就要以成為社區的據點為目標。

「我在加拿大住了三年，那時常去的一家甜甜圈店裡不時有老人家去小憩，警察也會順便經過買個甜甜圈拿在手上，讓我留下深刻的印象。所以我想開一家不分男女老幼都喜愛的甜甜圈店，讓它成為鎮

現學！
現賣！
Sales Point

提高客人點餐單價
同時注重飲食的安心安全

　　「HIGUMA Doughnuts」的店頭放著兩張板凳和長椅，可以當場吃到熱騰騰的甜甜圈。因此，除了咖啡、柳橙汁、熱帶汽水等無酒精飲料外，也有準備啤酒、檸檬沙瓦等酒精飲料。

　　豐富的飲料品項除了回應顧客需求外，同時也是為了提高客人點餐的單價。「因為甜甜圈1個才賣200日圓左右，就營業額的層面來說，飲料類相當重要。除了好喝之外，我也很注重食安，例如我們的檸檬沙瓦就是使用淡路島產的無農藥檸檬製成。」

使用北海道牛奶製成的「HIGUMA霜淇淋」（450日圓）。在甜甜圈銷售量減少的夏天成為主力商品。

週六、日限定的手工香腸（附自製醃蔬菜）600日圓。搭配飲料的套餐（啤酒／檸檬沙瓦／葡萄酒）1,000日圓。

菜單表。春日井先生笑著說酒精飲料是「因為自己也想喝，所以有備齊」。

上的據點。」

　　不過，春日井先生並沒有製作甜甜圈的經驗，於是他透過朋友請教專業甜點師傅，不斷反覆試作摸索。

　　「其實我不太愛吃甜的。所以我想只要做出我也覺得好吃的甜甜圈，那平常不吃的人應該也能接受。」

擺攤賣出心得
決定開設實體店鋪

　　經過一年的嘗試摸索，春日井先生終於完成自己也能接受的甜甜圈。

　　於是，他開始定期去每週六、日舉辦的人氣活動「青山農夫市集」擺攤，一點一滴累積了固定的粉絲。販售時，他最堅持的一點就是供應現炸的甜甜圈。

　　後來，他的甜甜圈攤位在市集活動中成了大排長龍的人氣店家，春日井先生也因此自

（右上）利用前台與廚房之間的隔板販售原創商品。T恤（3,500日圓）、針織毛帽（3,560日圓）。T恤也有兒童款（2,800日圓）。（中央）櫃台下方掛著相當醒目的原創托特包。S尺寸1,200日圓、L尺寸2,000日圓。（左上・下）推薦的甜甜圈也特意展示得很顯眼。

信大增，終於起心動念開始尋找店面。

儘管如此，當初還是充滿了不安。

「市集是限定一～兩天的活動，而且容易吸引想吃甜甜圈的人過來，銷路自然很好。但是開實體店面的話，每天至少需要一百位客人上門，所以也有很多屬於未知數的部分。」

之後，他找到了現在這個「租約兩年、5坪、租金10萬日圓」的店面。

「店面所在的位置鄰近商店街，有許多行人和腳踏車來來往往，很接近我自己的理想。若是這裡應該能成為附近居民在日常生活中利用的空間，租金也便宜。我想如果連在這裡都經營不下去的話，那到哪裡都沒辦法。」

從受小學生喜愛的店構思下一步的發展

一般而言，製作甜甜圈的話，在廚房炸比較能控制溫度，作業上也比較順暢才對。但春日井先生卻把瓦斯爐倒入滿滿的油。在大大的鐵鍋裡看到老闆炸甜甜圈的樣子，連小學生都能看到老闆炸甜甜圈的樣子。

之所以選擇這種販售方式，據說是因為老闆參加戶外活動時，看到客人在自己面前津津有味地吃著現炸甜甜圈的樣子而難以忘懷。

現在，除了原味甜甜圈之外，共有無農藥的鹽味黑豆黃豆粉口味等8種甜甜圈。此外，還有北海道產的牛奶做成的霜淇淋搭配甜甜圈一起吃的「HIGUMA霜淇淋」。

供應現炸的甜甜圈必須觀察天氣和行人的狀況，預測來客數調整下鍋炸的時機。

手作的吧檯式店面
受到廣泛年齡層注目！

因為以熊為商標，孩子們都說想吃熊先生的甜甜圈。

PLAN DATA

面積：5坪
改裝～完工：約60天

③店面旁設有休憩的空間。附近的老人家會在這裡休息片刻，或是和春日井先生聊聊天。

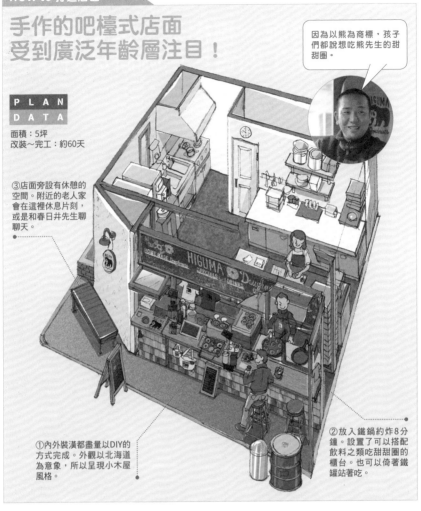

①內外裝潢都盡量以DIY的方式完成。外觀以北海道為意象，所以呈現小木屋風格。

②放入鐵鍋約炸8分鐘。設置了可以搭配飲料之類吃甜甜圈的櫃台。也可以倚著鐵罐站著吃。

「外帶的甜甜圈店受季節和天氣左右，夏天尤其嚴峻。HIGUMA霜淇淋能在夏天搶救銷售量降低的情形。」

另外，從2017年起，店內開始在週六、日限定推出以北海道的原料做成的自製香腸。新商品的開發也有為下一步的發展擬定策略的意味。

「我已經開始尋找可以內用的店面了。我打算在那裡賣三明治或香腸等單價較高的商品。希望能成為比現在更像社區據點的店面。」

簷廊、榻榻米，還有磚窯！
手工的古民房咖啡店好愜意

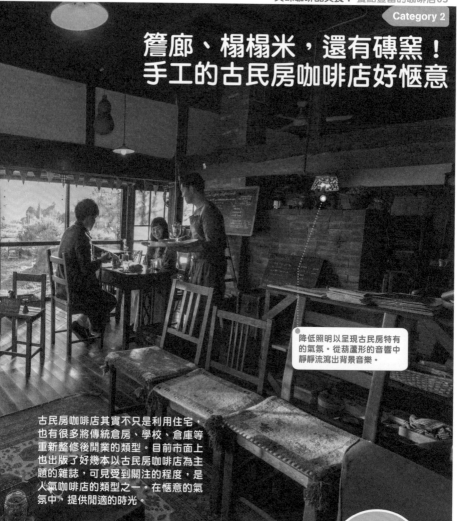

降低照明以呈現古民房特有的氣氛。從葫蘆形的音響中靜靜流瀉出背景音樂。

古民房咖啡店其實不只是利用住宅，也有很多將傳統倉房、學校、倉庫等重新整修後開業的類型。目前市面上也出版了好幾本以古民房咖啡店為主題的雜誌，可見受到關注的程度，是人氣咖啡店的類型之一。在愜意的氣氛中，提供閒適的時光。

開店資金

店面承租、施工費	32萬日圓
廚房設備費	78.7萬日圓
室內裝潢費	11萬日圓
用品費	12.5萬日圓
水電管線等施工費	15萬日圓
總計	149.2萬日圓

全部以自備資金支付。除了以上項目之外，還包含裝潢讓渡費100萬日圓，以及開店後花了20萬日圓為停車場整地。

注意重點

承租古民房時要特別留意的事情

盡量不貸款，壓低售價以親民價格供應餐點

提供有特色的餐點，讓客人留下深刻印象

エンガワ カフェ

engawa cafe

地址：山梨縣北杜市高根町東井出155
TEL：0551-47-6065
營業時間：平日11:30～16:30
週六、假日11:30～18:30（15～16點不接受點餐）
公休：週日、週一、每月第1、3個週二（遇連假時營業，隔天補休）
交通：從中央自動車道長坂交流道開車約15分鐘、從「小淵澤」站開車約17分鐘

古民房特有的空間讓人彷彿忘了時間，只有屬於這裡的時光流動著。其中最受歡迎的莫過於簷廊的座位。

以前的承租人是經營預約制的餐館，不過我們稍微把廚房拓寬了。烤披薩的爐子有窯烤般的效果。

磚窯是老闆花了三年的時間趁公休或晚上打造。火爐部分是從別人那接收的，總共用1400個磚塊建造而成。成本只有磚塊的費用。

從群馬搬到山梨 搬家成為決定開店的契機

山梨縣北杜市小淵澤町周邊，是前往清里、輕井澤等觀光地的知名據點。從中央自動車道的長坂交流道開車約10幾分鐘的車程，即可抵達有名的度假村設施和別墅區。路上不時可見天然酵母麵包、手打蕎麥麵等自營店家，其中有家屋齡近百年的古民房咖啡店，叫做「engawa cafe」。

可眺望南阿爾卑斯山的庭院中擺放著桌子和長椅，能飽覽緩坡上大片的水田風光。夏天打開簷廊的門窗，會有清爽的微風吹過。雖然都會區中也有古民房咖啡店，但只有在這裡才能夠享受如此豐富的大自然美景。

老闆木村豐先生本來是甜點師傅。家鄉在群馬縣，因看到度假村徵人，為求職而搬

希望讓客人自由選擇餐點
決定撤銷套餐菜單

（右）「抱子羽衣甘藍（Petit Vert）的鹹派」和「八岳蔬菜的和風熱沾醬沙拉」（味噌＋鯷魚醬）的2品菜色。這樣只要500日圓，相當實惠。5品菜色是1,200日圓。（左）「engawa拉麵」（800日圓）使用蔬菜及甲斐路軍雞製成的叉燒肉等當地食材，堅持做出不依賴化學調味料的滋味。

披薩（500日圓起）除了照片上的瑪格麗特披薩之外，還有生火腿和芝麻菜、鯷魚、本日特選口味等。

因為我們幾乎完全以自備資金開店，為了客人能輕鬆前來，所以以將近成本的價格供應餐點。

到山梨縣居住。之後雖然轉職到拉麵店工作，不過遇到在度假村工作的太太洋子女士，讓他下定決心要自己開店。

「經兩人討論後，我們決定要開家不一般的店，因為那時還沒有利用古民房賣拉麵的店。」

當初他們似乎打算開一間拉麵店，但因木村先生當時工作的拉麵店業務繁忙，無法辭職，所以先由洋子女士開始經營咖啡店。

古民房的空間較為寬敞，一樓有16席座位，二樓有8個榻榻米座位，並坐擁近50坪的前院，停車場可停放約10台車。聽說老闆在尋找店面時，並非特別執著於古民房，只是因為這裡剛好座落於當時通勤的路程上才幸運地發現。房租5萬日圓，對第一次開店來說，算是容易上手的價位。一問之下，才知道已經有

咖啡選用的是附近的自家烘焙店「SUKOYA咖啡」的原創特調，以手沖的方式沖泡。

現學！現賣！Sales Point

關於尋找古民房物件

要承租古民房的話，有些時候必須直接與房東交涉，但這樣做容易發生爭端。最好還是盡可能找房地產仲介商介紹的物件，比較能夠放心。

其中也有些荒廢多年的古民房，這種情況下，房東往往不負一般住宅理所當然的瑕疵擔保責任，所以一定要先檢查是否有白蟻蛀蝕、設備老朽、漏雨、屋頂或地板塌陷等情況，事先估價修繕費。房東通常不負修繕責任，因此此事先確認很重要。

詳情可向各地方政府的空屋銀行制度窗口洽詢（此為日本情形）。另外，從2017年9月起，專門提供不動產資訊的LIFULL株式會社首創能搜尋全日本空屋的「LIFULL HOME'S空屋銀行」服務，可以參考看看。

也能欣賞由陶藝家製作的咖啡杯等器具。

販售區有賣店家原創的特調咖啡豆。

重新改造了原本陡如梯子的樓梯。

靠部落格的口碑相傳成為人氣咖啡店

如前文所述，這家店一開始是由洋子女士獨力經營。光靠一個人營運這麼大的店明明應該很辛苦，卻持續了兩三個月清閒的日子。

直到第三個月，情況才有所轉變。那時剛好是部落格開始普及的時候，透過客人上傳店家照片的口碑相傳，店裡人氣愈來愈旺，甚至曾有過不得不回絕客人的日子。

這時，店裡開始雇請員工幫忙，到了第四年擴大店面

很多人嚮往這裡的大自然，將古民房改造，開了好幾間咖啡店或餐廳，吸引都會區的客人前來。

「311東北大地震後，搬到這裡住的人變多了，有很多店是家鄉在外縣市的人經營的喔。」

古民房才有的特殊座位

（右上）從庭院可眺望望甲斐駒岳等南阿爾卑斯山的景緻，因地面稍有加高，也能欣賞到水田風光。（左上）冬天時二樓的兩間榻榻米包廂會放置暖桌。希望帶孩子前來的客人也能悠閒度過。（右下）利用老門板等創造出令人沉靜的氛圍與空間。（左下）也有櫃台座位，單獨前來的客人一樣能在此放鬆休憩。

積，第九年把二樓改成榻榻米式的座位，方便帶孩子前來的客人使用。

店裡最受歡迎的菜單有「engawa拉麵」和幾款披薩。此外，黑板上寫著數種蔬菜的菜色，點一道350日圓，點兩道喜歡的菜色500日圓。甜點有聖代、起司蛋糕、布丁等招牌點心。

「後面的人家有時會送蔬菜給我們，或是可以到附近的農產直銷所買到便宜又好吃的食材。」

例如，使用八岳蔬菜做成的熱沾醬沙拉自然能吃到這些食材，拉麵、鹹派、披薩等也都使用這些新鮮蔬菜。另外，拉麵碗也和味道一起讓人留下深刻印象。店裡用的咖啡杯也是同一位陶藝家的作品，和店裡的風格很相襯。

此外，房子中央有座巨大的磚窯也給人帶來很大的視覺

衝擊。煙囪高高聳立著，直升二樓，甚至穿過屋頂。這是木村先生花了三年的時間一邊營業一邊打造出來的成果。

「磚頭的熱輻射能溫暖整棟房子。」

雖是古民房，但全面鋪設了木地板，因此磚窯也能自然地融入其中。以前簷廊鋪著榻榻米，做成稍微墊高的樣子，但自從變成夫妻兩人經營時，地板的高低落差成了負擔，才改裝成平整的木地板。

接受訂位的話 無論如何都會被時間束縛

到開店第九年的2017年之前，店裡一直有舉辦「兒童藝術教室」，但最近他們重新檢討了這個活動與午餐訂位的必要性。

「我們只是單純地想把精力集中在製作美味的料理、提供愜意的時間上。接受訂位

一點一滴整修老房
打造能享受悠閒時光的空間

PLAN DATA

面積：約20坪
座位：一樓16席、二樓8席
施工～完工：約120天

只有夫妻兩人在經營，可能會讓客人等候，不過希望客人能好好享受悠閒的時光。

②磚窯後方的空間是營業第四年擴充的。放了張大桌子，可接待4位客人。

③二樓有榻榻米的座位。點餐在一樓，要請客人自行取餐。

①販售區有賣設計師創作的手帕、方巾、襪子和T恤等。

的話，無論如何都會被時間束縛。與其這樣，我們想要和當天當時前來的客人一起單純享受愉悅的時間。」

古民房咖啡店這種悠哉安逸的氣氛雖然很受歡迎，但需要花很多心力來維護管理。尤其是冬天特別寒冷，要清潔牆壁和屋頂內的灰塵也很花費體力。風一吹，灰塵很容易從某處飛進來，掃除工作很辛勞。

而且，木造的門窗逐年歪斜，窗子愈來愈難關緊等情況也是今後必須採取對策的課題。

古民房咖啡店這種類型的店，因為老闆就居住在這一邊經營，會有各式各樣的發現。像「engawa cafe」這樣妥善利用不便的建築物打造出讓客人感到舒適的空間，需要付出許多努力和心血。

與咖啡豆生產者的相遇，實驗性質的店鋪開張……想要更加推廣單品咖啡！

員工個個具備咖啡的專業知識，要求不管客人有什麼問題都要能確實回答。

銀台旁邊隨時展售著8款單品咖啡豆，分別以100g、200g袋裝販售。

直接向咖啡豆生產國的農莊購買生咖啡豆，也會將自家烘焙的咖啡豆批發給其他店家。老闆能城先生擁有「單品咖啡傳道師」的稱號，對咖啡抱有相當的熱忱。原因可追溯到他大學時的經驗。隨著咖啡店的開幕，同時也著手確立了自有咖啡品牌。

注意重點

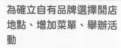

開店前的試營運店鋪獲得創業經驗

為確立自有品牌選擇開店地點、增加菜單、舉辦活動

為推廣單品咖啡所展開的行動

ノージーコーヒー
NOZY COFFEE
地址：東京都世田谷區下馬2-29-7
TEL：03-5787-8748
營業時間：平日11:00～18:00
週六日、假日9:00～18:00
公休：不定休
交通：東急田園都市線「三軒茶屋」站、「池尻大橋」站步行15分鐘

從門口沿樓梯往下走，可看到櫃台。融合木材、鐵、水泥質感的都會式設計。

開店資金

店面租用費	100萬日圓
內部裝潢費	1,200萬日圓
機器設備費	100萬日圓
展示櫃費	700萬日圓
總計	2,100萬日圓

老闆向大學的學長們做簡報，募集到近20人出資1,000萬日圓。

> 三宿有很多相當獨特、前衛的店，所以我選在這裡開店，是會讓人想喝好咖啡的地點喔。

除了販售咖啡豆之外，也有賣沖泡美味咖啡的器具，包括店內使用的法式濾壓壺。

4席的吧檯座位前有面大大的玻璃窗，陽光充足。可以放空看著外頭享受咖啡時光。

開店故事

2007	大學二年級時開始對咖啡產生興趣，到星巴克打工
2008	為了確認咖啡生產者的現況，遠赴衣索比亞
2009	在大學附近的湘南台站前的立飲酒館租場地，於早晨時段開設吧檯咖啡館
2010	決定開店，8月「NOZY COFFEE」開幕
2013	在東京神宮前開了2號分店「The Roastery by NOZY COFFEE」

發現大學畢業後想做的工作！

在從三軒茶屋站或池尻大橋站步行15分鐘的地方，有家只供應單品咖啡的咖啡店。那就是能城政隆先生於2010年成立的「NOZY COFFEE」。

只要從入口處的樓梯往下走，就會來到下層的點餐櫃台。濃縮咖啡和拿鐵可從當天精選的2種咖啡豆選擇喜歡的，如果希望的話，也能使用法式濾壓壺沖泡。客人可在入口旁的矮吧檯喝咖啡。

能城先生在2007年他還是大學二年級時開始對咖啡產生興趣。因為在雜誌上看到咖啡特輯介紹咖啡豆的產地、品種、沖泡法等等，而想要更深入理解相關的知識。

能城先生心想「是否能夠藉由工作轉變對咖啡的觀點？」而到星巴克打工。同時，他也聚焦於咖啡生產者身上，開始在大學進行研究。過程中，他看了一部紀錄片描寫衣索比亞咖啡生產者的貧困生活，便於大學三年級時飛往當地去確認實況。

他在那裡看到不同於電

可依客人喜好選擇濃縮咖啡機沖泡
或手沖的方式沖泡咖啡

咖啡會附一張卡片，標示咖啡豆的生產國、生產者、生產處理方法等資訊。這天搭配的甜點是加了濃縮咖啡的「咖啡銅鑼燒」（期間限定品250日圓）。

使用義大利 SYNESSO 公司製的濃縮咖啡機沖泡。點濃縮咖啡、拿鐵或美式的客人可以從當天精選的2款咖啡豆中選擇。

> 我們供應的餐點類不太多，不過都是找出適合搭配咖啡的食物。

冰咖啡（小杯530日圓）、拿鐵（中杯680日圓）和濃縮咖啡（480日圓）。附近有世田谷公園，所以也有很多客人外帶。

影的景象。

「雖然貧困沒錯，但很多人的內心都是富足的，我對此覺得很感動。我想透過咖啡向大家傳達這個國家的美好。」

與此同時，他也開始對混合了數種咖啡豆的特調產生疑問。

「之前也有人發起拯救生產者的運動，就是『公平交易』。不過，特調咖啡無法讓人直接指名『我要哪個生產者的哪種咖啡』，結果只能募款就結束，難以促使生產者獨立。我想改變這個流程，所以才提倡喝單品咖啡。」

從租場地賣咖啡的經驗
邁向正式開設吧檯咖啡館

大學四年級時，能城先生向車站前的立飲酒館以每月2萬日圓的費用獲得早上時段的營業權，開設了期間限定的吧

現學！
現賣！
Sales Point

在國際咖啡品評會下標，報酬直接支付給生產者

採訪時店家推薦的咖啡是2017年於咖啡卓越杯（COE）的國際品評大會上獲得第24名、位於宏都拉斯的MONTECILLOS農莊生產的咖啡豆。「NOZY COFFEE」與生產農家所在地區的關係始於2012年初次下標購買，接著2013年到產地訪問時。店內的採購員每年都會前往當地，現在依然和生產者維持良好關係。

在品評會競標咖啡豆的優點是，得標價能直接支付給生產者。價格通常會比一般的進貨方式來得高一點，但能支撐生產者的生活，也成為他們工作的動力。而且這些錢能幫助他們改善生產設備，有助於提升咖啡豆的品質。

宏都拉斯是位於中美洲中部的國家。MONTECILLOS農莊的咖啡豆以100g／1,600、200g／3,200日圓販售。

以法式濾壓壺沖泡咖啡。很多客人會一邊聽店員的說明一邊挑選咖啡豆。

有8款咖啡豆可用法式濾壓壺沖泡，現場直接飲用（650日圓）。也有販售濾掛式咖啡包的禮盒（照片・下／2包450日圓起）。

檯咖啡館。他用透過朋友進貨的3種單品咖啡豆，向客人宣傳咖啡滋味的寬廣度。

這次的銷售經驗似乎讓能城先生賣出心得。但另一方面卻也讓他深感需要開發出更有個性的「獨創品牌」。

能城先生在大學畢業前，就決定將來要和三位夥伴一起創業。之所以選擇在三宿這裡開店，是因為覺得若要確立單品咖啡專賣店的品牌，交通有點不便的地方反而更適合。

「在距離車站有點遠的地方開店，好好向特地前來的客人獻上美味的咖啡，應該能增加客人回購的機會。」

希望從所有面向支持單品咖啡

對於店面的裝潢，能城先生列出自己理想中的店面設計案例後，發現竟全是同一位設計師的作品，於是便委託他

（右上）一樓的收銀機前也有長椅和吧檯座，可以一邊喝咖啡，一邊和店員聊天。
（左上）標下品評會上獲獎的宏都拉斯MONTECILLOS農莊的咖啡豆販售。（下）外牆標示著店家的商標和咖啡豆的生產國。「我認為商標是品牌的一大要素，這是和設計師一起構思的成果」能城先生說。

來設計店面。

「當初沒有櫃台所在的一樓。之後才新做了地板、牆壁和樓梯。」

聽說剛開幕時，曾經有客人想點特調咖啡，但在經過店員詳細地解說完單品咖啡之後，單品咖啡的固定客源就開始慢慢增加了。

要支撐這種營運方式，必須要將工作人員視作專業人才培訓，為了讓他們學習高度的知識和技術，公司內部會實施教育訓練。就連兼職人員也會被要求要學好技術才能上陣。

另外，店方也會舉辦講座「Discovery Seminar」介紹享受單品咖啡的好點子（150分鐘5000日圓起）及講解如何品評咖啡的咖啡杯測活動（請參閱第90頁），介紹無法只靠點餐傳達的簡單沖泡法或咖啡的相關資

訊等，致力於擴大粉絲層。

能城先生之所以積極開辦講座，也是希望能藉此創造客人與咖啡師交流的機會，讓雙方更深入探討有關咖啡的話題。

很快地等到客人與咖啡師產生連結之後，就會在第二次之後繼續上門光顧。

累積了這些努力之後，「NOZY COFFEE」已經成為假日來客數達200人的人氣店家。接著，2013年與另一家餐酒企業共同經營的「The Roastery by NOZY COFFEE」也在東京的神宮前開幕了。

「儘管如此，我並沒有積極展店的打算。比起只能靠咖啡豆批發商喝到單品咖啡，我反倒更希望能增加買零售咖啡豆回去在家品嚐的客人。我想從各種面向盡力去支持單品咖啡。」

省去多餘的裝飾
徹底追求簡約的室內裝潢

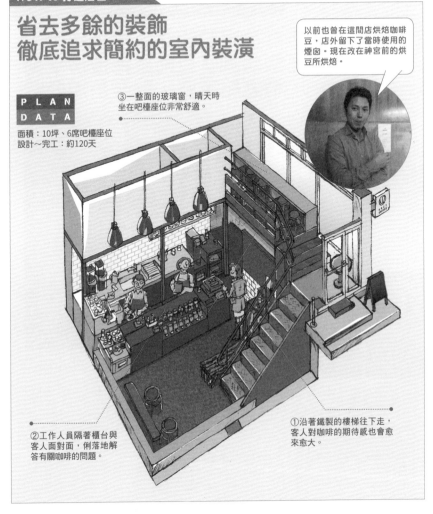

以前也曾在這間店烘焙咖啡豆，店外留下了當時使用的煙囪。現在改在神宮前的烘豆所烘焙。

PLAN DATA

面積：10坪、6席吧檯座位
設計～完工：約120天

③一整面的玻璃窗，晴天時坐在吧檯座位非常舒適。

②工作人員隔著櫃台與客人面對面，俐落地解答有關咖啡的問題。

①沿著鐵製的樓梯往下走，客人對咖啡的期待感也會愈來愈大。

能城先生想拓展單品咖啡品牌的熱情，從學生時期到現在都沒有消退。

今後還計畫要進軍市場，讓單品咖啡的價值比現在更受肯定。

「我現在也正在進行把咖啡豆批發給飯店或酒吧等的專案。」

被稱為單品咖啡「傳道師」的能城先生以及「NOZY COFFEE」未來的動向也很令人關注。

開咖啡店能為眼前的客人帶來幸福，而販售咖啡豆則是把這份幸福傳遞給家庭，甚至是辦公室

（右上）送禮用的禮盒。可裝2款咖啡豆。
（右下）咖啡相關的器具像是居家裝飾般毫不突兀地擺放著。
（左）入門款組合的介紹。

店裡也有販售適合送禮用的咖啡器具組「入門款組合」。會教導購買者沖泡的方法，並免費贈送1杯飲料。

這裡很讚！

▼ 促銷也能在家品嚐的單品咖啡豆

▼ 對購買咖啡豆的消費者提供飲料折扣

▼ 透過販售咖啡豆，維持和生產者之間的交流

希望與生產者持續有新的邂逅

現在「NOZY COFFEE」的店頭都會展示著8款咖啡豆，分別以100公克和200公克袋裝，和顯眼的看板擺在一起販售。並且進行消費者只要購買咖啡豆，就能享有飲料折扣的優惠活動，不管是不是常客都很划算。

每款咖啡豆約進貨50～60包，大概1～2個月售完，接著再買進完全不同款的咖啡豆。這種販售方法的背後，有著能城先生對咖啡豆的熱情。

「在咖啡店，我們的目標是以一杯咖啡為眼前的客人帶來幸福，而販售咖啡豆的話則能將這份幸福傳遞到家庭或辦公室。就推廣單品咖啡的意義而言，我認為銷售咖啡豆很重要。」

另外，就能城先生所提倡

（右上）「NOZY COFFEE」的網路商店除了咖啡豆，還販售印有原創商標的馬克杯，以及金色濾杯搭配咖啡豆或法式濾壓壺搭配咖啡豆等組合商品。

（左上）為了方便客人輕鬆帶回去，店裡放置著介紹網路商店的卡片。

（右下）店裡的一角擺放著咖啡樹和印上產地照片的卡片。

（左下）印有商標的提袋。「NOZY」的商標是以能城先生學生時期的綽號設計而成。

徹底訓練員工
具備高度的知識和技術

若是客人對咖啡豆有問題的話，會由身為咖啡師的店員仔細解答。

店裡的人員體制有12位正職、4位兼職。公司內部會舉辦教育訓練，即設置「學習的場所」來培養員工高度的專業知識和技術。就算是兼職，能城先生表示「至少要有最低程度以上的知識才能在店裡服務客人」。

工作人員和客人面帶笑容地說著咖啡的話題。

咖啡豆也扮演了重要的角色。

「思考未來時，不只是經營咖啡店，若能藉由直接銷售咖啡豆，就可以向生產者購買更多咖啡豆。我希望今後持續與提供美味咖啡的生產者有新的邂逅。」

現在，還有許多客人不知道單品咖啡。能城先生告訴我們，在營運咖啡店時，以高度的知識和技術來提高一杯咖啡的價值相當重要。

回饋給產地的層面而言，銷售咖啡豆也扮演了重要的角色。

咖啡師高超的拉花技術和每天6款手工蛋糕大受矚目！

陳列著好幾面獎牌，證明這裡是獲2017年世界大賽第8名的咖啡拉花師所開的店。

在國內外的咖啡拉花大賽獲得許多輝煌成績的奧平雄大先生。其高超的技術不僅是在國內磨練，也到墨爾本進修過。不過，他並非從2011年開店以來就一路順遂。而是在增加了襯托咖啡的餐點後才讓經營上軌道……。

開店資金

店面租用費	330萬日圓
設備費	20萬日圓
內外裝潢費	30萬日圓
營運資金	120萬日圓
總計	500萬日圓

這個店面附帶原有咖啡店的裝潢，所以減少了開店資金。只裝潢內部的話，從改裝到開店只用一星期左右就完成了。

注意重點

自學拉花技巧，到墨爾本進修

充實適合搭配咖啡的餐點品項，增加營業額

如何兼顧咖啡店老闆與講座講師的工作？

カフェリスタ
CAFERISTA

地址：千葉縣流山市南流山1-7-6 2F
TEL：04-7158-6750
營業時間：11:00～19:30
公休：不定休
交通：JR武藏野線、筑波特快線
「南流山」站步行2分鐘

從2014年成為常駐員工的吉川晴香。除了負責各種餐點，她也在咖啡拉花大賽上獲得佳績。

大多是由吉川小姐負責接待客人。「多了女性員工，店裡的氣氛變得讓女性顧客比較敢進門」（奧平先生）。

我去墨爾本留學進修語言時，對咖啡還沒有什麼興趣。只是從以前就一直想要試著開店。

面積近15坪，共14席座位。靠路邊一側有大大的玻璃窗，讓店內充滿開放感。

開店故事

2007	第二次語學留學時，在澳洲的墨爾本發現有咖啡學校
2008	為第三次留學存款，而到東京的咖啡店工作。在那裡得知咖啡拉花的存在，開始自學
2009	利用到墨爾本打工度假，同時去咖啡學校上課，在道地咖啡店學習烘豆、沖泡技術。繼續自學咖啡拉花
2011.7	「CAFERISTA」開幕
2014	吉川晴香小姐以常駐員工的身分加入。增加餐點的菜單，業績成長

到墨爾本留學進修外語得知當地要開咖啡學校

所謂的咖啡拉花是把一杯濃縮咖啡的表面當作畫布，描繪出美麗花紋或是圖案的技法。而其中，「CAFERISTA」的老闆奧平雄大先生特別擅

長不使用拉花針等工具，直接將細緻的奶泡注入濃縮咖啡、畫出圖像的技法「Free Pour」，曾在國內外咖啡拉花大賽獲得冠軍，屢創佳績。

他在大學畢業之後，然曾到一般公司上班，但由於非常想要接觸異國文化，便於23歲時離職。一開始他先去了紐西蘭，然後再接著到澳洲各留學一年。澳洲的墨爾本素有「咖啡文化聖地」之稱，就在留學生活即將結束之際，奧平先生看到了咖啡學校的開課告示。

「我並非一開始就對咖

襯托美麗的咖啡拉花
獨創的餐點菜色也大受歡迎

手工蛋糕陳列在收銀台旁的展示櫃裡，讓客人直接看實物選購。

咖啡豆總是隨時備有原創特調和另一種咖啡豆供選擇。

隔日販售的蛋糕等餐點，是吉川小姐前一天利用空閒時間一點一點製作。「因為只有兩台烤箱，要斟酌情況製作」（吉川小姐）。也有「每日司康」、「適合配咖啡的烤糕餅」等。

> 我們總是兩人一起出主意，用心提供最好的服務。

咖啡有興趣，只是本來就想開店。因為有這樣的打算，我就想說下次利用打工度假的機會，一邊去咖啡學校上課學習咖啡的技術。」

回國後，他為了存打工度假的錢選擇到咖啡店工作，平常只要一有休息的空檔，就努力練習拉花。甚至為了能在家練習，而買了濃縮咖啡機磨練手藝。

「我全靠自學，一天買3公升的牛奶不斷練習。首先不停地畫白色的圓形，用身體去感受以什麼角度注入牛奶、牛奶會如何浮上來等等的理論。等100%理解之後，才開始畫愛心之類的圖案，往下一步邁進。」

展現自學的拉花技術
到咖啡店進修

2009年，奧平先生到墨爾本第三度留學時，拉花的

現學！
現賣！
Sales Point

讓所有客人都舒適自在
店門張貼守則告示

　　2016年，奧平先生參加UCC咖啡職人「拉花項目」在全國大賽榮獲冠軍，2017年出賽「Latte art world championship open Portland coffee fest」世界大賽，在美國波特蘭獲得第8名的佳績。他特別擅長如下圖的「Free Pour」技法。店裡有許多客人是衝著拍照或錄影而來，但為了不讓其他客人受到干擾，門口張貼著店家的守則告示。

　　「其實我並不想這麼做，但目前仍需要這個提醒的告示。」另外，拉花的過程基本上只對參加講座的學員公開。

「參加比賽對於提升拉花技術是不可或缺的」奧平先生說。

「每日千層麵特餐（佐沙拉＋麵包）附飲料」（1,050日圓起。＋200日圓可挑選一款喜歡的蛋糕）。因為有客人一週來三次，所以特別注意每日午餐的菜色變化。

營業時間雖然從上午11點才開始，但9點開始就有提供外帶咖啡。聽說在附近上班的人常常會來買。

蛋糕套餐附飲料950日圓起。有6款手工蛋糕，每天種類都不同。這杯使用拉花針完成的咖啡拉花是吉川小姐的作品。

　　技術已有相當的水準。

　　他在兩家咖啡店進修一年後回國。奧平先生本來還沒有在這個階段獨立創業的打算，只是剛好得知家鄉南流山的車站附近，有間本來是咖啡店的店面要出租。

　　「因為位於二樓，也有朋友勸我可能不好集客，但那時候我的心中只有一股想開店的衝勁。」

　　於是，咖啡店於2011年7月開幕。一開始經營果然陷入苦戰。不過，還好美味的咖啡和精湛的拉花技術成為助力，讓他能勉強維持著收支繼續營業。

　　直到現在負責製作餐點的吉川晴香小姐來店裡大展身手，增加了蛋糕之類的品項，經營狀況才終於出現突破。

（上2圖）店內一角裝飾著在國內外大賽獲得的獎狀和獎牌。（左下）陳列在地創作者寄賣作品的空間，也有製作販售原創的包包、T恤等商品。遠道而來的客人很捧場。（右下）「我一直很在意有人反映不敢進門的問題，真切感受到降低門檻高度對長久經營的重要性」（奧平先生）。

專程為了兩人的咖啡拉花而來。但對於這件事他們顧慮的是要如何維持舒適自在的空間。

「曾經有客人在店裡到處走動拍照。這種情形最後往往會讓常客卻步。所以，對於不遵守禮儀的客人，我們會確實地提醒他。」

這間店開店至今約莫過了七年，咖啡店位於二樓的不利也逐漸被克服。雖然這裡離市中心有點距離，但似乎「正因為附近沒有類似的店，咖啡愛好者都都聚集了過來」。

讓客人大老遠跑來的原動力果然還是咖啡拉花吧。也因為在比賽獲得的輝煌成績，愈來愈多咖啡講座邀請奧平先生擔任講師。

現在咖啡店不定休時，偶爾就是奧平先生應邀去授課。為了講座，咖啡店曾經只營業半天，也曾為了去外縣市

增加餐點的品項
成為一大轉機

「她非常擅長做料理和糕點，創意很驚人。自從店裡餐點的品項變豐富後，業績就開始慢慢成長了。」

在此之前都是奧平先生自己製作甜點，但似乎忙於接待客人，人多時只顧著替客人出餐就結束了。

「如果店裡有兩個人在的話，一個人有空時就能和客人聊聊天。比起一個人獨撐，兩個人能做更多事。」

也許是這樣的待客之道奏效，據說營收增加了約1.5倍之多。

吉川小姐製作的蛋糕全部都天天更換，一天提供6種之多。而她也學習了咖啡拉花的技術，現在也有參加各種比賽，獲得了不錯的成績。確實也有愈來愈多客人

原本是咖啡店的附裝潢店面
以最小限度的改裝重獲新生

內外裝潢只換了壁紙等等，以最小限度完成改裝，發現介意的地方時，自己再做些加工。

PLAN DATA

面積：15坪、14席座位
租下店面～完工：約30天

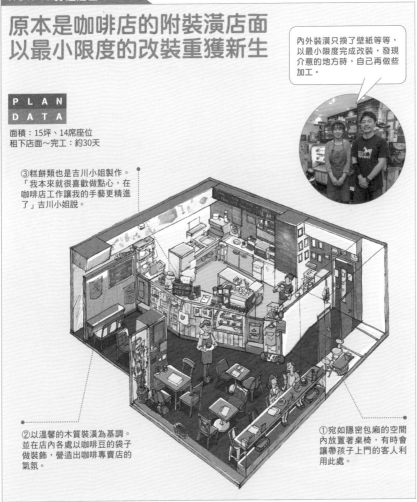

③糕餅類也是吉川小姐製作。「我本來就很喜歡做點心，在咖啡店工作讓我的手藝更精進了」吉川小姐說。

②以溫馨的木質裝潢為基調。並在店內各處以咖啡豆的袋子做裝飾，營造出咖啡專賣店的氣氛。

①宛如隱密包廂的空間內放置著桌椅，有時會讓帶孩子上門的客人利用此處。

出差不得不休息，不過奧平先生懂得善用社群網站能即時更新資訊的優點，因為不論如何「能自由行動還是比較好經營」。

話雖如此，但咖啡店不開張就沒有收入。因此，奧平先生基本上只接價碼高於咖啡店一天營業額的講座。

「我想正是因為有咖啡拉花，才能踏出所有的每一步。未來也規劃要重新經營成一家更強調咖啡特色的咖啡店，繼續努力提供更好喝的咖啡給客人。」

融入時間緩緩流動的街區
一人拉一人的藝廊咖啡店

一樓是吧檯式的櫃台和展售空間。許多常客會和老闆聊聊天,據說其中甚至有人一天會出現三次。

在離鬧區有點遠的地方開店,就算有靠近車站、租金便宜的優點,能不能有效集客還是會令人感到不安。
我們造訪了一家藝廊咖啡,看看老闆夫婦是如何在這樣的地段慢慢茁壯生根,逐漸完成理想中的咖啡店風格。

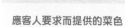

注意重點

比起靠網路或社群網站宣傳,以客人口耳相傳的好評慢慢建立起信賴感

應客人要求而提供的菜色成為招牌項目

藝廊只供給適合店內空間的作品展出,並非只是單純出租場地

アールアールコーヒーティービールブックス
RR-COFFEE TEA BEER BOOKS-
地址:東京都世田谷區代田4-10-20
TEL:無
營業時間:11:00~20:00
公休:週三
交通:京王井之頭線「新代田」站步行1分鐘

從新代田站的出口出來，過馬路就到了。隔壁是一家老茶館，似乎也有很多客人。

開店資金

店面租用費	100萬日圓
設備費	250萬日圓
內外裝潢費	80萬日圓
展示櫃、藝廊等製作費	50萬日圓
總計	480萬日圓

除了室內裝潢委託從事裝潢業的朋友施工之外，自己也利用空閒時間施工，或是自己出去買材料等，降低了成本。

（右）展售空間陳列著到泰國、越南採買的雜貨，以及在藝廊開展的作家作品等精選商品。（左）二樓的咖啡空間。有陽光照射的沙發很適合坐下來慢慢看書。

> 我們重視當天每一位來店裡的客人，才擴大了人際圈。

開店故事

2009	在下北澤的Live House擔任過店長後，自己出來創業，在新代田開了一間Live House「FEVER」
2012	開始覺得「如果這個街區有可以喝到好咖啡的店就好了」
2013.3	Live House附近的古早零食店歇業，決定開家咖啡店
2013.4	因附裝潢的古早零食店留下大量零食，便邊賣零食邊進行開店的準備
2013.8	開始進行內外裝潢的施工
2013.11	「RR」開幕。起初因太太彩女士還要兼顧本業，所以不定期營業
2017.9	在銀座Loft參加「咖啡×藝術」的主題活動，開了3星期的快閃店

在「不怎麼起眼的街區」成為文化的發信店

說到站前的地段，不光是餐飲店，對任何生意而言都可說是「最佳地段」，不過藝廊咖啡店「RR」所在的京王井之頭線新代田站，情況又不太一樣了。搭電車10分鐘可到澀谷，下北澤也在步行10分鐘左右的範圍內，但這一帶少有大型商場，因此在年輕人之間知名度並不高。

「我常常這樣比喻，如果詢問100個人意見，會有1000個人反對」老闆西村仁志先生和夫人彩女士笑著這麼說。這家咖啡店位於從車站出口出來過馬路的地方，是棟兩層樓的老建築。

新代田這個地點，是曾經在下北澤的Live House擔任過店長的西村先生想自己開店所選擇的地方。雖然人氣很旺的下北澤有許多時尚的咖啡店和餐飲店，名氣響亮，但是房租卻也相對較高，需要龐大的初期投資。

與此相比，新代田算是不太起眼的街區，「在不怎麼紅的站前開店的話，我想應該可以靠自己打造一個創造新

並採用常客介紹的甜點

「這個超好喝！」使用兩人意見一致的咖啡豆

（右）「薄荷咖啡」（450日圓）和最受歡迎的甜點「檸檬優格蛋糕」（280日圓）。（左）濃縮咖啡（350日圓）和「胡桃全麥餅乾」（250日圓）。甜點均個別包裝，若客人希望也可以盛放在盤子上出餐。

> 剛開始時還有點擔心，但好評連連，讓我很驚訝。

> 若能在日常生活中遇見藝術該多好！於是我提議成立藝廊。

選用的咖啡豆和沖泡法是向新高圓寺的自家烘培咖啡店商量的結果。

『文化』的據點」。

不久之後，西村仁志先生經營的Live House上了軌道，他開始心想「如果這個街區有可以喝到好咖啡的吧檯咖啡館就好了」，正巧此時站前一家古早零食店關門歇業，他就租下了這間附裝潢的店面。

然而店內還留下了大量的古早零食，因此前2～3個月他們就直接繼續營業賣零食，一邊進行開店的準備。

室內裝潢的部分，包括從原來有齒洗空間的位置重新進行水管工程，移動了180度。並在廚房和販售區之間設置櫃台來擺放濃縮咖啡機。本來是廚衛的地方做了展示櫃，陳列販售筆記本、筆等文具及一些亞洲風格的雜貨。

展示藝術的好處和
咖啡店的堅持

使用於原創特調、「本日

現學！
現賣！
Sales Point

藝廊展出的藝術作品
以喜好為優先呈現出統一感

在藝廊展出作品的作家大多都是透過朋友、常客的介紹，或是曾在Live House演出的音樂家等，相當注重與店家之間的合適度。此外，如果老闆看到喜歡的作品，也可能會向作者邀展。

到目前為止舉辦過的展覽有插畫、攝影、玻璃工藝等類別，比較特別的創作者還有木雕家、衣架收藏家等。一檔的展期約1～2星期，期間也能舉辦工作坊或販售展出作品，只要和店家達成抽成的協議即可。

在展出人氣藝術家的作品期間，飲料的銷量也會跟著增加，據說一天可賣出180杯以上。

舉辦展覽會時，平常不會到這裡的客人也會特地前來參觀，如此一來也有獲得新客源的好處在。

甜點的展示櫃為可移動式。剛好可以放入櫃台旁的空間，出廚房時要往前推打開通路，不過因突出販售區，聽說也有不便之處。

店裡的甜點是向兩位女性搭檔的店家進貨。起初是透過一位美食攝影師的常客介紹，所以可以信賴。不添加奶油、白砂糖，對材料相當講究。

壁面可以展示寬1.6m的100號尺寸的作品。

販售原創的特調咖啡豆（100g／680日圓）。商標以顯示咖啡店所在位置的地圖設計而成。

咖啡」、濃縮咖啡等等的咖啡豆是從一家兩人遍尋各地後意見一致覺得「這個超好喝！」的自家烘豆店進貨。

一開始時兩人什麼都不懂，但烘豆店的老闆夫妻願意親自與他們商量，這樣的人品也讓他們很感動。

推薦的咖啡之一是薄荷咖啡。近年來這種咖啡在國外逐漸打開知名度，是內行人才知道的飲品。在濾紙中放入薄荷葉，和咖啡豆一起滴濾而成。這種沖泡手法是彩女士自行研發而成。

另外，彩女士的點子還包括把二樓當作展示藝術作品的藝廊、販售雜貨和供應紅茶等等。起初，西村先生對這些點子有點顧慮，但實際試著營業之後，業績居然比原先預估的更好。

來藝廊參觀的不只是愛好藝術的客人，還有不經意接

販售＋展示

（右上）販售區陳列著從泰國和越南採購回來的雜貨，以及在藝廊展出過的作家作品等精選商品。（左上）新代田一帶新增的店，如皮鞋皮包的修理店、刺繡店、狗狗咖啡店等寄放的宣傳卡。（右下）通往二樓的階梯白牆在開展時可直接在上頭畫畫或寫字。（左下）為改裝拆天花板時，發現屋樑的氣氛很好，便決定讓它保持露出來的樣子。

觸到藝術而欣喜的客人，這麼做也能讓沒有展覽就不會來的顧客有了上門的動機。

「人氣藝術家辦展時，來客數和業績的確也會成長。不過，我們希望能持續講究展出的內容，而非只是單純提供一個出租空間而已。」

展出的作品以繪畫和插畫為主，但因樓梯狹窄，大型作品無法從樓梯搬上去，所以有時也會從二樓的窗戶搬進去。

觀察街上的人潮 設定營業時間

早上，新代田站的乘客偏少，所以營業時間設定成較晚的11點開門。這是基於「應該沒什麼人會在搭乘擠成沙丁魚的電車前買咖啡」的判斷，晚上則為了吸引去Live House的客人順道來店裡，打烊的時間設定於20點，店裡也有供應酒精飲料。

「這一站周邊並不是遊客會來逛一下的地方，客層以當地居民為主。我們很重視當天來店裡的每一位客人，因此在地的常客逐漸增加了。」

不論是菜單，還是在藝廊展出的藝術家，都是透過朋友和客人的好評逐漸廣傳，老闆切身感受到是這一點讓咖啡店得以維持經營。

回應顧客需求 開發新菜色

「RR」之所以能在地方生根，除了對藝廊咖啡有所堅持之外，對客人的需求保持隨機應變的經營態度，也是原因之一。

「冰淇淋的新菜單再過不久就要完成了！」彩女士興奮地說。一方面因應客人需求，據說預計於2018年時增加午餐的菜單。

拆掉天花板更挑高！
不讓人覺得狹隘的空間

③二樓的桌椅等大多是自己做的。書架上擺放著書，也可以享受閱讀時光。

PLAN DATA

面積：約8坪、10席座位
改裝～完工：約45天

②販售區設置在可以讓客人邊看邊等咖啡的位置。

①雖緊鄰交通流量較多的主幹道，但有加裝隔音的雙層窗。

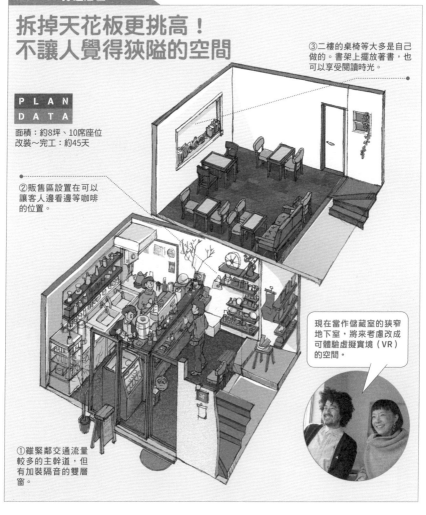

現在當作儲藏室的狹窄地下室，將來考慮改成可體驗虛擬實境（VR）的空間。

「我也曾想過供應咖哩飯之類，不過來享用咖啡的人應該不喜歡香氣太強烈的食物。可能還是推出三明治之類的招牌餐點。我打算開發自己也想每天吃、重視健康的菜單。」

另一方面，西村先生於2017年9月時在銀座「Loft」參加了以「咖啡×藝術」為主題的活動，開了3週限定的快閃店，頗受好評。

看來今後這家店會繼續在新代田站前創造全新的文化交流，讓人感覺充滿活力地經營下去。

京都町家的書香咖啡店
主力商品是「貓咪聖代」

近年來，日本各地有不少人想將令人懷念的町家建築改造成咖啡店經營。要想在這些競爭者中生存下來，原創性必不可少。我們來到的這家京都書香咖啡店，就有許多像是「貓咪聖代」這種角色商品，緊緊抓住了客人的心。

2017年8月，搬到現在的地點營業。以前店裡的常客也會來光顧，也有人說跟之前沒什麼改變。

古書與茶房 ことばのはおと
（こしょ　さぼう）
地址：京都府京都市上京區天神北町12-1
TEL：075-414-2050
營業時間：11:30～19:00
（L.O.18:00）
公休：週一、週二
交通：市公車…從京都站搭9號系統「天神公園前」下車，步行3分鐘
地下鐵…從京都站往國際會館方向在「鞍馬口」下車，步行12分鐘

開店資金

店面租用費	50萬日圓
內外裝潢費	150萬日圓
展示櫃、書櫃等製作費	100萬日圓
總計	300萬日圓

營運資金有一段時間以平面設計師的收入支撐。調理機器使用家庭用的機種，把成本壓低到最少程度。

注意重點

町屋盡量不改裝、直接利用，打造出可看書放鬆的氣氛

以店面特有的優勢發揮自己的個性

提供客人值得專程前來、只有這裡才有的餐點

古老的京都町家建築不做太多加工，以咖啡店的形式重獲新生。書櫃上分門別類排放著美術、文學、鐵道等領域的書籍，很多客人會一邊看書來度過悠閒的時光。

搬遷前也要從車站步行20分鐘，不太方便，而現在的店址周邊沒什麼商店，幾乎都是專程而來的客人。

走進玄關的地方改成木地板，放著幾張椅子。隨處陳列著與貓相關的雜貨。

我認為開店時，把對自己而言有真實感的東西組合在一起，就能產生新事物。

開店故事

2004	「古書與茶房 ことばのはおと」在右京區大黑屋町開幕
2007.4	原本餐點只有供應咖哩，開始推出現在的「青春客飯」
2011	妻子廣江女士提出把「貓咪聖代」加入菜單的點子，之後大受歡迎
2012.1	老闆和喜歡鐵道、旅行的客人花了約一年半，一起製作街景立體模型
2017.8	搬遷到上京區天神北町，重新開幕營業

町家咖啡店逐漸增加已不算稀奇的如今……

化，難以維持管理房子，所以很多會轉讓給店鋪經營。

這裡所說的町家，是指京都的傳統建築樣式，構造的特徵是門面窄、有縱深。其中，有些位於重要傳統建築物群保存地區的民房被重新裝潢成西式風格，也有些維持正統派的町家風格對外營業，如今不論是哪種都已不算稀奇。

因此，若只有町家特有的療癒氛圍、美味的咖啡或餐點，已經不夠看了。即使是整年觀光客都絡繹不絕的京都，店家的風格也都很相似，使得競爭激烈，要生存下去不可缺

把傳統町家改造成咖啡店的案例，不限於京都或鎌倉等古都，在日本全國各地如雨後春筍般出現。屋齡達百年的老房子，其屋主也漸趨高齡

主題是「雖然不是很特別，但能夠讓客人吃得安心」的菜單

廚房具有京都町家特有的縱深。牆上的磁磚很有時代感，也是魅力之一。

「青春客飯」（1,000日圓／不含稅）是堅持使用當地食材的和風定食。以肉類為主菜，搭配大量時令蔬菜。照片中的主菜是雞肉與牛蒡做成的肉餅。

不愧原本是平面設計師，菜單本的外觀看起來別具特色。

「貓咪聖代」（900日圓／不含稅）從13點才開始接受點餐，1組客人限點2份。

雖然無法每天更換不同菜色，不過我們很注重熱食要熱騰騰的、冷食要冰冰涼涼的上桌。

少獨創的個性。

以下介紹的這家町家咖啡店「古書與茶房 ことばのはおと」就推出以貓為主題的聖代，當作他們的主力商品。

補救因待起來舒適而降低的翻桌率

老闆自2004年2月，在距離丸太町站步行20分鐘的地方租了一間屋齡一百五十年的町家開店，營業了十三年。期間獲得許多老顧客，但因房東的緣故，於2017年8月搬遷到距離鞍馬口站12分鐘路程的地方。這兩個地點自古以來都是幽靜的住宅區。

這裡和以前的店鋪一樣也有中庭，除了榻榻米的房間之外，還增設一部分木地板的空間，「本來也有在想要不要改成完全不同的氣氛，但是把喜歡的東西排一排，又變得像以前一樣的印象了。」

現學！
現賣！
Sales Point

改造京都町家
要注意這些重點！

想承租町家建築的話，建議先找擅長仲介町家的不動產公司商量。據中村先生的說法是「比起剛開始開店時（2004年），町家的房租漲了不少，不是很貴就是很便宜，但位於邊陲地帶」。

町家在業者之間也常有買賣的情況，近年似乎也有愈來愈多被改裝成民宿的案例。

要改裝或翻新的話，最好事先向不動產公司或房東報備。「ことばのはおと」則是只進行最少程度的改裝。

搬遷時相較於之前的店面，多了單人客能比肩而坐的座位，所幸總座位數沒什麼減少。

咖啡選用京都美山的「KAFE工船」的咖啡豆手沖而成。老闆向烘豆師Ooya Minoru學習過沖泡咖啡的技術。

咖啡是中烘焙，特徵是滋味實在。其他飲品還有紅茶、柚子茶、印度奶茶等（各500日圓／不含稅）。

光打出「町家」的名號也未必能吸引客人。重點在於如何突顯自家的特色和個性，與其他店做出差異。

以貓為主題的繪本、攝影集、散文集、漫畫等專區。

同時，店裡不會太過明亮，以保持沉穩的氛圍。不過為了方便客人閱讀，有加強桌面手邊的光線。

「之前的店剛開幕時，咖啡店就像是愛書男子的清爽房間或山中小屋的風格，但後來不知不覺就變成貓屋了」老闆中村仁先生笑著說。店裡各處都裝飾著招財貓等與貓相關的商品，使得這家店在愛貓人士之間頗負盛名。

另外，就如同招牌「古書與茶房」所示，店裡大約有2000本書，這些原本都是中村先生的藏書，領域涵蓋美術、文學、圖鑑、漫畫、鐵道等等。客人有九成是20～40歲的女性，無疑都是愛書人士，一次待上2小時的客人也不少見。

町家咖啡店受歡迎的原因之一，是能忘記時間、悠閒度過。有書的話，或許會讓人

妥善利用京都町家的空間

（右上）從簷廊可以眺望很有京都風味的閑靜中庭。（左上、右下）「ことばのはおと」的看頭之一是約1塊榻榻米大的街景立體模型。這是老闆和十幾位愛好鐵道的客人一起花了一年半的時間打造而成。店裡也有許多鐵道相關的書籍和雜貨。（左下）店頭公告著店內的注意事項。

待得更久。

不過，能夠讓客人待得盡興、徹底放鬆固然是好，翻桌率卻也容易降低。因此，需要其他能提高附加價值的商品。

以餐點菜單
提高附加價值

就附加價值而言，最容易產生差異的就是餐點菜單。以其他町家咖啡店為例，大多會提供鬆餅、麵麩、刨冰等餐點，各具特色。

起初店裡的食物只供應咖哩，但自2007年起為了打出自家的特色，增加了健康取向的客飯。除肉類的主菜之外，還會附上三樣小菜、沙拉、味噌湯、甜點。客人當中有不少學生或獨居的單身者，所以才想到「希望讓客人多吃一點新鮮蔬菜」。

此外，成為主力商品的人氣餐點是「貓咪聖代」。這

道甜點原本也不在店家的菜單上，是2011年愛貓的太太廣江女士想出這個點子，結果大獲好評。

「我想如果店裡能有其他的附加價值應該會很有意思。如果有只有來這裡才吃得到的餐點，那客人就有專程而來的理由了。」

令人意外沒察覺到的是聖代的外觀，好像有看過，卻又沒有。貓形狀的吐司喧騰一時的事還令人記憶猶新，其他像是咖啡上浮著貓形狀的棉花糖，或是貓手和肉球造型的餅乾等都相當受到青睞。

平常常去的咖啡店不需要全新獨創的食物。只要有讓客人不禁展露笑顏、想向別人說的小小巧思就已足夠。

重要的是，將幾種「想去那裡吃吃看」的吸引力組合在一起的效果。對客人來說，只要賦予一些誘因，像是別的

並非全部翻新，
在能恢復原狀的範圍內花點巧思

PLAN DATA

面積：約10坪、14席座位
改裝～完工：約60天

②之前使用的冰箱與現在的廚房尺寸不符，改買小一點的。另外進行了排水管和瓦斯管線施工。水泥地面雖然比較冷，但正好適合處理食材。

③擺放書本和街景立體模型的地方主要是儲物櫃，部分委託家具業者製作。

我們不想大興土木動工對建築物造成負擔。不便的地方就花點巧思克服，也算樂在其中。

①搬來之前，原先的店全部是榻榻米，因為想做一處洋室，所以鋪設了木地板。

地方吃不到，或是好想造訪的衝動，就能讓對方再次上門。

不過，「ことばのはおと」不歡迎客人在店內念書或是工作（有標示在菜單上），但這並不是怕客人在店裡坐太久的緣故。

而是因為「我們希望每位來這家店的客人都能感受沉穩閒適的時光」。

廣江女士設身處地為客人著想的話語裡，似乎透露著悠閒的町家咖啡店得以持續受到廣大支持的祕密。

雇用與培養
可以信賴的員工

正因為是較小的店，自己一個人經營可以降低人事費——
一般很容易這麼想，但遇到客人多時，
很可能會忙不過來，要特別注意。
這種時候，能成為戰力的
就是可以信賴的兼職或計時人員的助力了。

靠自己一人張羅
一家店很辛苦

雖說是咖啡店，工作量仍不容小覷。在營業時間內要調理食物、洗碗、服務客人，開店前要進貨或備料，打烊後要結算營業額和打掃等。當然，還有會計等行政事務，只靠一人獨撐相當辛苦。

因此，若是為了壓低人事成本而給予客人服務不佳的印象，客人可能反而會不再上門。最好還是盡量避免勉強一個人獨撐場面的情況。

想要招募兼職人員時，要先思考總共需要幾個人。舉例來說，若以老闆＋兼職一名的雙人體制營運，只雇一個人的話，當對方身體不適或是請假時，營運上可能會出現問題。可以的話，最好雇用複數的兼職人員組成輪班制，幾個人一起運作，比較能夠放心。

◎徵才的重點為何？

招募員工時，很多案例是利用網路廣告或在自家網站上長期公布徵人訊息，此外，在店頭張貼徵才告示、活用社群網站也是可行的方法。尤其是Instagram等社群網站可以把徵人訊息與發布開店公告、餐點資訊結合，只要追蹤人數一多，也具有相當的傳播效果。

若在情報誌或紙本媒體上刊登徵人廣告的話，費用會隨刊登時間的長短和發行量而異。不妨實際去拿地方上免費供應的情報雜誌翻閱看看。依情報誌擺放的地點等，可以推估出有哪些讀者群，先確認看看是否和自己想徵才的族群相符。

◎長期雇用的重點何在？

兼職人員並非只是「來幫忙的」，應該當成是一起工作的「夥伴」。當員工的職務範圍慢慢擴大，變得開始能「自己思考」時，最後就能夠長期雇用。

當所有工作人員都能完成服務客人、調理餐點等數種業務時，員工本身也會產生充實感和成就感，對老闆而言便可以安心託付工作，輪班的調整也會更輕鬆。

在餐飲業界，人手不足是當前的一大問題，考慮到招募人才和人才適應工作的時間，還有教育訓練所花費的心力，最好調整店裡運作的體制，盡可能讓員工願意長期駐店工作。比方說，讓工讀生在學校考試期間可以請假，把他和打工族或主婦等情況不同的員工組成輪班制的話，就算有一個人請假也還能應付。

雇用員工時，建議要設定試用期。正職員工三個月、兼職一個月是一般常見的做法。期間內多觀察對方的儀容、工作幹勁和能力等，在雙方都能互相認同的條件下雇用，就能避免日後產生紛爭。

第2章

設定
核心概念，
訂立
資金計畫

要開咖啡店，就要知道有哪些成功的對手店家，
學習一下對方的核心概念和經營的訣竅。
以這些為參考資料，接下來為自己規劃的咖啡店訂立資金計畫。

事先了解
競爭店家的實態

街上的小型咖啡店、吧檯咖啡館
如雨後春筍般一間一間地開。
今後該如何在激烈的競爭中倖存下來……。

大型連鎖咖啡店、超商等競爭對手眾多的現今，經營咖啡店也切莫忘了善用生意頭腦。

現今，消費者需要什麼樣的咖啡店？

想要開一家專屬於自己的咖啡店，光是描繪夢想還不夠，我們必須先掌握時下消費者需要什麼樣的店。想開咖啡店的人有很多，但現實狀況是開店後能撐過三年的人，只有三成左右。首先，讓我們先檢視一下現狀吧。

咖啡店這種業態可說和服裝、生活雜貨一樣都會隨著時代消長。2016年，

咖啡店也重新開始受到大眾喧騰一時的話題。

根據一位專家指出，相較於星巴克的時尚形象，羅多倫的親民價格更受一般消費者的青睞，這是一般認為的主因。比起有時一杯超過500日圓的期間限定咖啡，用銅板價就能品嚐蛋糕午茶套餐的優惠顯然愈來愈受到重視。

此外，只要在街上隨處可見的超商花100日圓按個按鈕，就能輕鬆外帶咖啡的方式也早已獲得消費者的接受。而且有些超商還可以內用，對新開的咖啡店而言可說是相當強勁的對手。

另一方面，懷舊的復古

咖啡店也重新開始受到大眾

宛如人氣咖啡店代名詞的大型連鎖店「星巴克」，在咖啡項目的顧客滿意度調查上，把第一名的寶座拱手讓給了「羅多倫咖啡」，成為

開一家咖啡店生意頭腦也很重要

接下來，我們從經營的層面大致了解一下路上咖啡店的現狀吧。

一般而言，咖啡店所販售的商品單價並不高，所以把店開在預期會有眾多**來客數的地段是最理想的**。車站前或鬧區等精華地段的店面租金通常很高，因此稍微再走一段路的話，就會發現小型的咖啡店開始增多。

尤其是有販售或批發自家烘焙咖啡豆的店近年來愈來愈受矚目。也因為網路上或雜誌常常介紹一些自家烘豆咖啡店（Roastery）或吧檯咖啡館（Coffee Stand），所以增加了不少講究口味的顧

宛如人氣咖啡店代名詞的大型連鎖店「星巴克」，在咖啡項目的顧客滿意度調查上，或味道普通的咖啡已經難以維持一家咖啡店的生計了。

開一家咖啡店生意頭腦也很重要

瞄目，單單只有新潮的店面或味道普通的咖啡已經難以維持一家咖啡店的生計了。

成為人氣咖啡店的6個條件

1 擁有別家店沒有的魅力

咖啡是否具有「讓人想再喝一次」的特色？還有其他讓人想喝喝看的飲料嗎？是否在乎食材，像是使用無農藥的食材？諸如此類，自家的特色不可或缺。

2 讓人想要再點餐一次

除了三明治、義大利麵等輕食之外，有沒有蛋糕、甜點等事先準備好可以迅速出餐的餐點呢？能供應比較費工的餐點嗎？請思考看看。

菜單

3 即使只有一位客人也會誠摯歡迎

要打造成客人可以輕鬆上門的店，對獨自上門的客人也要笑臉迎人。不過，對話就要有點節制了，因為有不少人是想要靜靜度過，不希望被打擾。

4 是否有推薦的提案

是否能簡單明瞭地說明美味咖啡的資訊，或是有什麼適合配咖啡的甜點？還有向客人提案在家沖泡咖啡時適合的沖泡方法，以及咖啡豆的介紹等等。

待客

5 有開放感讓人敢進門

讓人臨時起意進去坐坐也是咖啡店擁有的魅力。設置大面窗子、門口採玻璃門讓人能看到裡面也有一定的成效在。夏天時也可以在店頭擺放長椅，方便客人休息。

6 面積雖小卻有寬敞的空間

縱使店面小，只要把天花板加高或裝大窗子讓空間多些寬敞感，也能在短時間內度過舒適的時光。裝潢若控制在可以自己施工的規模，也能縮減初期投資的成本。

舒適度

客吧。

經營咖啡店的老闆是在比賽榮獲佳績的咖啡師，或是因為太喜愛咖啡而辭職創業，又或是懷有推廣咖啡文化的夢想而開店，這一類的案例都並不罕見。

不過，只靠咖啡的口味的確很難展現自家的個性。可以考慮開咖啡教室抓住粉絲的心、兼設藝廊或辦活動等，增加這些咖啡店的特性也有吸引客人的效果。

像這樣，**好好思考有什麼能成為吸引眾多顧客的賣點，與其他店家區隔出差異來非常重要。**

另外，為了不輸給環伺周遭的競爭對手，也不要忘了多學習會計、行銷、集客的知識，磨練自己的生意頭腦。

開咖啡店
要注意的事項

即使店面較小也能很舒適！
以較少的成本表現出自己的個性
打造充滿魅力的咖啡店

活用初期投資成本少的優點，手工打造出別具風味的裝潢風格，成為吸客的亮點。

店面狹小
未必都是壞處

幾年前開始受歡迎的咖啡店，包括專門提供外帶的吧檯咖啡館，以及一邊在自家烘焙咖啡豆，一邊在櫃台現磨，可以品嚐到這種咖啡的小店。狹窄的店內只有幾個櫃台座位，所以偶爾也會看到店外大排長龍的樣子。

這種小店之所以有人氣，**首要的原因是可以壓低店租和押金等初期投資的成本**，讓想開店的動機。

店面面積與座位數的參考基準是，只有櫃台的吧檯咖啡館約3～4坪，共5、6席座位。有6～8坪的話，約可設置櫃台和2張小桌子，共9～12席左右。然後，如果有10坪大的話，便可容納15席座位，如此一來就有能力提供餐點讓客人悠閒度過。

不過，倘若有10坪大的面

開店的人創業的門檻下降。其次，因店租和人事費較少，所以能以相對優惠的價格供應咖啡或餐點。

對客人來說，這樣可以更輕鬆享受到用優異的烘豆機或濃縮咖啡機沖泡而成的咖啡。

而且這樣比起寬廣的店內只坐著幾位客人的咖啡店，更有熱鬧感，也比較容易引起路人的興趣。像是「這家店總是好多人」、「下次去喝喝看好了」等等，更容易促成客人來店的動機。

以充滿手工感的裝潢
演繹出使心靈沉靜的氛圍

小店面也可以藉由自己DIY動手進行室內裝潢，來減少成本上的負擔。

例如，把牆壁和天花板塗成自己喜歡的顏色，或是製作放書和雜誌的櫃子，光是如此都能讓人感受到老闆對這家店的用心，可以為客人帶來心靈平靜的感覺，並且給人安穩的印象。

的店面就是重點了
積，如何打造出令人感到舒適

有人氣的狹小店家其共通點是，店家和客人、客人和客人之間的距離很近，店裡的氣氛能讓人自然而然地聊天。

客人會對在面前沖泡的咖啡或調理的料理充滿期待，自然地和員工展開對話，或是看到其他客人點的餐點，產生自己也想點看看的心理效果。

84

🫘 小咖啡店的優點&缺點

優點	缺點
可壓低初期投資的成本 比起寬廣的店面，可節省店租、押金、室內裝潢費，得以較少的資金創業。	**集客數有限** 可以進入店裡的人數受到限制，所以也有客人想進店裡卻不得而入，容易錯失集客的機會。
不需要很多工作人員 因為客人的人數有限，調理餐點或服務客人上不用太多勞力，也可以減少人事成本，負擔較小。	**收納空間不足** 容易缺少收納調理器具、餐具或食材的空間，只能放置最少程度的調理器具，要提高能事先備好料的餐點比例來因應。
可提供經濟實惠的菜單 因節省了人事成本，可以提供比大店面的菜單更優惠的價格。對於客人的負擔也較小，成為可以輕鬆光顧的動機。	**業績不佳是能否營業的分歧點** 供應價格較平價的菜單，店家的總營業額也相對容易偏少。就算沒賺頭，要繼續營業還是得繳交店租和水電費等，經營上會變得很辛苦。

實際去造訪幾家咖啡店，確認看看座位數、廚房設備，還有花了什麼工夫收納餐具和食材。人氣很旺的小店應該都是善用空間的高手。

如果在部落格公開自己DIY打造店面的過程，甚至可能在開幕前就出現關注的客群。除了裝潢之外，也可以使用自己喜歡的室內裝飾，或以燈光呈現出店裡的氣氛。

完成後美觀的程度或許不及專業的設計公司，但**手工打造的店面別具風味，也是一種魅力**。若不是特別追求簇新感，也可以選擇租借附裝潢的店面或老房子加以改裝，醞釀出舒適安逸的氣氛。

咖啡專門店經營者的須知

除了供應咖啡之外，
還要開發、銷售獨家商品等，
為經營付出各種努力！

> 街上出現愈來愈多的吧檯咖啡館，雖然看起來好像都差不多，還是要先了解這些店有什麼樣的特徵。

讓客人享受美味咖啡所下的工夫

近年來，街上開始出現愈來愈多的吧檯咖啡館（Coffee Stand）。儘管店面狹窄，卻依然能夠吸引許多客人，其原因到底是什麼？以下就一一列舉出這些店的特徵。

・買進新鮮的咖啡豆，自家烘焙，以手沖的方式一杯一杯仔細沖泡。這樣的咖啡受到常客的支持，甚至也有客人願意遠道而來。

・對精品咖啡很講究，會在菜單上標示出酸味、醇厚度、深淺度等，深入淺出地解說各種咖啡豆的特徵。也有店家致力於提供可襯托咖啡的甜點。

會詢問客人喜好的味道，再從陳列於櫃台上的咖啡豆當中，為客人選出最適合的咖啡豆。

・直接到衣索比亞、肯亞、瓜地馬拉等產地採買優質的不同種咖啡豆在店裡販售。並且，常客只要說「今天想喝看較清爽的淺焙咖啡」，店家就能迅速從現有的咖啡豆中介紹推薦的商品。對咖啡愛好者來說，相當值得倚賴。

・除了單一咖啡豆的單品咖啡之外，也有販售原創的特調咖啡。對於不熟悉咖啡的人，也願意親切地介紹。

這些狹窄的小咖啡店，特徵是店裡往往只有陳列商品的櫃台，廚房設備也減到最少，咖啡和飲料的販售以外帶為主。為了讓人可以望見狹小的店內，會裝設一整面的玻璃窗，營造出開放感，也會在店頭放置著長椅。

考驗各種知識與沖泡技術的業態

現在開設這種吧檯咖啡館的人，有許多都是擁有專業知識和沖泡技術的年輕咖啡師或咖啡職人。

如果是店裡有烘豆機的自家烘焙咖啡店（Roastery Cafe），便會每天烘焙少量的咖啡豆，用剛烘好的咖啡豆沖泡咖啡。

沖泡方法以手沖滴濾，以及用咖啡機沖泡濃縮咖啡這兩種為主。其他也有使用法式濾壓壺和冷泡的方式。

近年來，一般消費者的咖啡知識有著顯著的提升，所以在開咖啡店之前，學習專業知識是不可或缺的。尤其吧檯咖

☕ 讓咖啡店的經營上軌道的重點

確實的技術

需要具備確實的沖泡技術，能泡出美味的咖啡推薦給客人。並且要能簡單明瞭地說明自家的口味，具有相當的口才和溝通能力。

商品開發與銷售力

若店裡只賣咖啡的話，單價偏低，所以為了提升營業額，最好販售一些獨家商品。買進材料後如何商品化的方法，以及在店頭、網站上行銷的知識也很重要。

商品的專業知識

對於種類繁多的咖啡豆和烘焙法造成的差異、沖泡後的風味和醇厚度等，要擁有廣泛的知識，還要具備足夠的行動力才能買到符合自己理想的商品。

打造店面

就算是小型的吧檯咖啡館，也需要打造出讓客人能輕鬆購買咖啡的店面。即使只賣外帶咖啡，還是要思考該如何吸引客人上門光顧。

資金力

雖然小店面的租金較便宜是優點，但貴的烘豆機甚至要價數百萬日圓。此外，剛開始經營時未必會有很多客人上門，所以也要準備充足的營運資金。

不限於吧檯咖啡館，也可以參考漢堡速食店、麵包店等其他外帶專賣店，也許會發現可供自家咖啡店借鏡的線索。

啡館不只是消磨時間的去處，**許多客人是為了品嚐好咖啡本身的味道而特地前來。**即使兼賣烤糕餅或甜點類，也要慎重思考與咖啡之間的相配度，這點非常重要。

咖啡店在提供現泡咖啡的同時，也要具備販售咖啡豆與沖泡器具等知識。甚至有很多咖啡店紛紛開始企劃開發濾掛式咖啡包或咖啡豆的禮品組合等原創商品。

咖啡店不只是餐飲店的一種，可以說是**需要具備咖啡相關的綜合性知識才能見真章的一種業態。**

87

靠能成為「賣點」的東西與對手拉開差距

提供食物、書籍、雜貨等
打造出咖啡店的個性
重點是如何轉化成營收

> 包括提供的餐點，放置書本、雜貨都是咖啡店呈現個性的有效方法，不過並非擺什麼都行。有什麼注意點呢？

附近有競爭店家的話 反而可預期午餐的需求

如果咖啡店的附近有速食店、便利商店或大排長龍的餐廳，反而有推出餐點一試的價值。乍看之下，或許會覺得競爭店家很多好像很不利，不過位於這樣的地段，其實代表**有午餐的需求，可預期潛在客人的存在**。

只是，如果餐點缺乏具有力道的「賣點」，自然也很難在價格競爭或知名度上勝出。

若是想開一家餐點豐富的咖啡店，餐點之間的搭配組合就相形變得重要。例如，向烘焙坊買進美味的法國麵包，以自家製的感覺做出三明治等，就會變成相當適合搭配咖啡的餐點，也就會更加受到客人的矚目。

能好好飽餐一頓的咖啡店一向擁有扎實的人氣。比方說，燉煮料理、拌菜等幾種小菜搭配五穀飯和味噌湯的日式簡餐。另外，也可以標榜健康取向，打出「減鹽、營養均衡」的口號宣傳效果也十足。

如果想供應老式咖啡店的招牌餐點，例如義大利麵、鹹派、庫克先生三明治等，最好雇請負責調理的員工。有位擁有開咖啡店的相同夢想，能夠分工合作的夥伴在身邊，會讓人更有信心。

若是想經營著重晚餐的餐館式咖啡店，不妨準備啤酒、葡萄酒等低酒精飲料。晚上既能當成酒吧經營，也可望提升客人消費的單價。

像這樣在豐富餐點菜色的同時，還要注意沒用完的食材所造成的浪費。為避免產生不必要的成本，**菜單的品項不要過多。並且，思考如何讓一種食材能運用在數種料理上就顯**得相當重要。

光是「喜歡」仍難以創造個性

如果是一家有書本、雜貨或藝術的咖啡店，**無法只靠裝飾店內空間就和其他既有店家區隔出差別**。以書香咖啡店為例，即使請來知名的書籍搭配師（Book Coordinator）開出陳列的書單也並不稀奇，光靠喜歡書這一點是難以取勝的。

相似的店家一多，就要花點巧思讓顧客有耳目一新的感

❶ 轉化成營收的重點

餐點豐富的咖啡店	書香咖啡店之類
減少食材的浪費 尤其對較小的咖啡店來說，保存食材的空間有限，應思考如何減少多餘的庫存，壓低進貨量和不必要的浪費。	**讓人想閱讀的氣氛** 不要面向大馬路，在安靜的環境中點亮沉穩的燈光，座位之間保持適度的距離。提醒客人不要在店內喧嘩。
食材的使用率 把同一種食材用於數種餐點，就能提高食材的使用率。另外，這樣也能時時提供用新鮮食材做成的料理。	**藏書不要趨於陳腐化** 書籍以領域或作者分類，和雜貨等擺飾一起陳列，就能讓選書也成為一種樂趣。另外，也有店家會買進二手書在店裡販售。

甜點

書與雜貨

京都的「古書與茶房 ことばのはおと」（第74頁），店裡有關美術與鐵道的書籍特別充實。最受歡迎的是菜單上以貓咪為主題的「貓咪聖代」，13點之後開始供應。受到貓奴與鐵道迷這些特定粉絲的關注。

覺。可以特別著重在攝影集、藝術書、繪本或旅行與食物相關的書籍上，注意選書時不要趨於陳腐化，並且要定期重新檢視。

此外，還要營造出令人想閱讀的氣氛，店裡**能不能醞釀出沒有過多服務的自由氛圍**也是關鍵。

就算是這樣的店也要使用嚴選的咖啡豆，時時備好淺焙和重焙兩種咖啡豆。

不過，不要想著只靠自己張羅好所有的事務，與各有所長的員工一起同心協力，以打造出高水準的咖啡店為目標，預留一點餘力會更好。

什麼是讓客人可以輕鬆參加的咖啡課？

提出各種享受咖啡的好點子，
舉辦各種活動，
與學員進行交流！

> 從初學者到專業的咖啡行家都可以來參加活動，也能得知顧客對自己店裡咖啡的滿意度！

以沖泡技術和品評咖啡提案享受咖啡的方法

特別講究精品咖啡的店經常會舉辦咖啡相關的課程或工作坊。有為期一天的體驗課，也有定期舉辦的課程，主要的目的是以自家的客人為主，廣泛宣傳咖啡的魅力。

同時，在這個場合上工作人員與顧客也能互相交流，是很難得的機會。最大的好處是**可以直接聽到參加者的意見**，了解顧客對自家咖啡的接受度如何。其次是，**辦活動也是服務項目的一環，有助於擴大粉絲群**。

咖啡店究竟可以辦什麼樣的活動，以下介紹三種代表性的範例。

● 沖泡咖啡課

講解手沖滴濾咖啡用的濾杯、法式濾壓壺或愛樂壓（Aeropress）等，每種沖泡器具所沖泡出的咖啡風味之間的差異，並講解、指導用各種器具沖泡美味咖啡的方法和祕訣。配合學員的喜好，協助尋找到適合自己的工具也是一大重點。

課程的最後，請學員品嚐並比較各種咖啡豆不同的風味和魅力，會更讓人意猶未盡。

關鍵是要介紹一些**唯有熱愛咖啡的從業人員才能傳達的內容**。這種課程可說是為了讓客人從自身的體驗實際感受咖啡的驚奇與感動而存在。

● 咖啡杯測（Public Cupping）

這種活動是為了加深學員對於咖啡的知識。也就是把採購人員到產地採買生咖啡豆時會實行的專業杯測（試飲），轉化成適合一般大眾參與的活動。

如同葡萄酒的品評一樣，除了咖啡的甜味、酸味、苦味，還包括入喉後的餘韻等，會讓學員了解有哪些重點可以客觀判斷出每一種咖啡豆的品質好壞。

另一個目的是，當學員與工作人員一起品嚐每種咖啡豆不同的風味和口味時，也能藉此輕鬆找到符合自己喜好的咖啡豆。

舉辦這種活動時，有很多工作人員與咖啡店會為了讓顧客帶著輕鬆的心情前來參加，而採取免費舉辦的方式。

🔵 其他與咖啡相關的活動

拉花課程

解說咖啡拉花的步驟和知識等重點，讓學員實際挑戰看看。咖啡師會視每一位學員的情況，協助倒入奶泡，就算是初學者也能安心參與的課程內容。

杯測課程

主文所介紹的咖啡杯測當中，也有內容更深入、只招募少數學員的付費講座。對參加的學員而言，賣點是會提供採購人員的杯測重點、咖啡產地的小故事等平常聽不到的資訊。

餐點搭配

例如講解咖啡和巧克力、蛋糕、麵包等食物的適性。從如何構思基本的搭配法，到透過實際品嚐比較的方式，向學員推廣享受咖啡的方法。

課程不只有針對初學者的內容，也有比較專業的內容。像是解說每個季節適合的咖啡沖泡方法與其風味的差別等。現在，願意一對一指導或到外縣市開班授課的咖啡師也增加許多。

身兼咖啡師大賽評審的「Mel Coffee Roasters」（第22頁）老闆文元先生所開辦的手沖咖啡體驗課。文元先生表示「希望讓學員體會在家沖泡咖啡的困難與樂趣之處」。

🔴 烘豆體驗課

這是烘焙咖啡豆的體驗課程。比方說，使用樣品用的烘豆機烘焙兩種單品咖啡豆，之後以杯測的方式讓學員知道咖啡豆味道的差異，屬於**從烘豆的層面來深入了解咖啡魅力**的內容。

不論是哪種課程，最後都會附贈咖啡豆、點心等當作伴手禮。另外，為了方便上班族下班後也能來參加，開課時間一般會考慮設在營業時間以外的時段。

開拓實體店面以外的銷售通路

咖啡店除了提供飲食之外，
也能販售禮品、經營網路商店、參加市集，
展開獨到的經營模式！

> 咖啡不只是日常生活中的飲品，還能拿來送禮或成為與他人相遇的機緣，可以預見各式各樣的需求！

回應禮品的需求
學會包裝的技術

現在有很多咖啡店為了讓客人買咖啡豆當作禮品或伴手禮，都會推出禮品組合，試圖拉抬業績。

禮品包裝如紙箱、籃子、緞帶、包裝紙、貼紙、小卡片等，都可以在包裝材料的專賣店買到，但如果全都是現成的市售品，可能不夠精緻。不妨用電腦設計原創的貼紙，印在市售的空白貼紙上，**在不起眼**的小地方展現出品味。

對包裝沒自信的話，建議可以在開店前先去學習包裝的技術，除了看書自學之外，有些包材廠商也有舉辦單堂的包裝課程，可以直接去向專家學習，會進步得更快。

在網路上販售
獲得回流客

也有的咖啡店會利用網路販售咖啡豆。網購的好處是，咖啡店且喜歡店裡供應的咖啡，**客人會在日常生活中飲用咖啡，較容易成為回流客**。來過的客人，可望下次再回購店裡的咖啡豆。

不過，如同實體店鋪很重視常客，網路商店有沒有穩定的需求也很重要。在官方網站、臉書或部落格上**廣為宣傳****自家的咖啡有多好喝、和別家咖啡店有什麼不同**，也會有一定的效果。

以每月付費方式販售
活用月費制服務

近來在餐飲業界，**有愈來愈多店家開始採用在音樂或影視界已經習以為常的月費制服務**。

以咖啡店為例，只要成為店家的會員，就能享有咖啡喝到飽的福利。對客人來說，喝愈多愈划算，也很有話題性。

不提供喝到飽、較容易實施的方式是定期販售咖啡豆。比方說，每個月宅配不同種類的單品咖啡豆或特調咖啡豆。這樣的服務深獲沒時間去店裡消費的客人好評。

參加活動擺攤
可以認識不同業界的人

有些吧檯咖啡館或移動式咖啡店會到日本各地舉辦的活動上擺攤，讓我們看看他們的動向吧。

🟠 日本各地舉辦的知名咖啡市集

TOKYO COFFEE FESTIVAL

特徵：為了大幅推廣咖啡文化，從2015年開始舉辦，是日本最大規模的咖啡活動。也會同時舉辦「Farmer's Market@UNU」，兩天內約有5萬人到場。聚集來自日本全國的咖啡店、書店等，有許多咖啡愛好者喜歡的攤位。

活動場地：
東京都澀谷區神宮前國連大學中庭

日期：於官網公布

主辦單位：澀谷青山通商店會

官網：
http://tokyocoffeefestival.co/

Tohoku Coffee Stand Fes

特徵：複合式活動之一，包含來自仙台、東北的36家咖啡店和烘豆店參加。除了咖啡之外，還販售甜點、麵包、葡萄酒、農作物等等。兩天內超過2萬人到場。始於2016年，在4月、10月舉辦。

活動場地：
宮城縣仙台市青葉區肴町公園周邊

主辦單位：SDC株式會社

官網：
https://www.facebook.com/tohokucoffeefes/

Japan Coffee Festival

特徵：可以品嚐比較各種好咖啡的活動。舉辦免費工作坊、販售咖啡雜貨，還有Live音樂會或小劇場等表演。在大阪、京都等全日本各地舉辦。

活動場地：
各地的公園、寺廟的境內等

日期：於官網公布

主辦單位：一般社團法人 Japan Coffee Festival執行委員會

官網：
http://www.japancoffeefestival.com

在「TOKYO COFFEE FESTIVAL」可以享受到許多攤位提供的咖啡，了解咖啡豆產地農家的活動等，從各方面了解咖啡的知識與享受方法（照片／官網提供）。

除了咖啡市集之外，也有**在手作市集、農夫市集等各種多人聚集的會場上販售咖啡的方式**。活動的規模各異，不過只要每次都到相同的活動會場上擺攤，就會有客人記得咖啡店的品牌，或許能成為下次來店消費的契機。

市集上還可以認識其他創作者、雜貨店經營者或有機蔬菜的農家等，或許能因此獲得經營上的靈感，甚至互相激盪出全新的想法。而參加活動擺攤，也是增加粉絲的好方法。

什麼是循序漸進的開店計畫？

開咖啡店之前的準備期
以一年為前提
思考有效率的行動計畫

從決定開店到正式開幕之前還有許多階段。最好先釐清該做什麼事、遵循哪些步驟。

先設定咖啡店的核心概念再予以具體化

咖啡店正式開幕之前，準備時間的長短因人而異，尋找店面也需要靠點運氣，短則數個月，長則花一、兩年都有可能。一般而言，可先預設要花一年的時間準備開店，訂出計畫，較能循序漸進。

要想開店，首要的具體行動就是尋找店面，不過在此之前，一定得先思考要設定什麼樣的核心概念。

例如，「開一家咖啡店讓女性顧客也能安心喝美味的特調咖啡，吃有機蔬菜做成的招牌餐點」或「開一家吧檯咖啡館讓當地居民能在經過的時候輕鬆外帶」，先想像「要向誰提供什麼服務」，再逐一規劃開店的地段、營業時間、店內氣氛及菜單品項等等。

決定開店之後，花四、五個月左右來設定概念並不算長。要謹記開幕之後就無法更改概念，須慎重地再三思考。

至於需要準備多少的開店資金，則看你要打造出什麼樣的店面而定。自備資金不夠的話，可以利用日本政策金融公庫或地方政府的融資制度，十分便利。

不過為了順利獲得融資，要先向融資單位提出創業計畫書，所以必須預留至少一個月的時間撰寫。

從預訂的開幕時間往回推訂立開店時程表

尋找店面可以和撰寫創業計畫書同時並行，但要配合咖啡店的概念，依最適合的地段與預算來尋找。

請假定店面不容易找到，至少要在開店前六個月開始尋找。

鎖定店面的同時，也要開始具體地設計要供應的菜單。

列出符合概念的主要菜單和附屬菜單，考慮包含調味、分量、供餐方法等細項內容，同時也要兼顧客人的觀點來制定價格，這點非常重要。

另外，委請專家來設計店面，一般而言要在三個月前發包。最好找為餐飲店設計施工經驗豐富的業者來施作。雖然工時還會依工程內容而異，但通常約需一～兩個月才能完工。

🫘 歸納咖啡店開幕前的計畫

1 遍訪人氣咖啡店

查閱網路、雜誌上的最新資訊，實際走訪人氣店家或接近自己理想的人氣咖啡店。除了觀察對方的菜單品項之外，還有待客方式及客人的反應等等。

2 設定概念

詳加設定核心客群（最希望來自己店裡的客人），如年齡、興趣、職業等，甚至是生活風格，釐清咖啡店要對誰提供什麼樣的服務。

3 建立資金計畫

寫下開店所需的所有費用，建立資金計畫。為避免陷入資金不足的窘境，先確實地預設好貸款的對象、開幕後預備的現金、目標的營業額等相當重要。

4 尋找地段和店面

檢視希望開店的地區其周邊環境、競爭店家與客層、從車站過來的交通方式等。以自己期望的咖啡店規模或氣氛等為判斷標準，租下符合條件的店面。

5 思考菜單和訂價

思考主要菜單與附屬菜單。詳細想像調味、分量、供餐方法和擺盤。參考食材的成本及咖啡店的概念，設定適當的價格。

6 規劃店面的設計與施工

決定店面的設計時，不光是氣氛，也要考慮到機能上是否舒適。巡訪其他咖啡店時，可以確認看看店內的坪數和陳列，比較容易想像。

7 委託業者施工

盡量找經手過已知店家的業者。發現中意的店家時也可以請教對方施工業者。委託擅長於設計施工餐飲店的公司相當重要。

8 備齊食材、調理器具等

下訂菜單所需的食材及消耗品等用品，將廚房機器搬入店內。製作好店家商標、招牌、傳單，並演練調理流程和待客為開幕做準備。

若是想自行進行室內裝潢的話，要注意外行人的施工進度很可能會拖延。**一旦租下店面就要開始付房租，延遲開幕等於是增加成本**。

況且完工之前要做的事還堆積如山，例如要尋找販賣廚房機器設備、咖啡豆、食材等的業者，並完成咖啡店的商標和招牌等等，需要各式各樣的準備工作，此時只能再多加把勁。

完工之後，記得還要留一點時間確認調理的步驟和服務客人的方式等。

咖啡店的核心概念
就在你心中

為了讓人留下店面風格統一的印象
以花一年時間為前提
仔細思考概念設定

> 為了讓店面風格有統一感，裝潢和菜單要符合咖啡店的核心概念。好好思考能讓人留下印象的核心概念吧。

什麼是開店時
最基礎的核心概念

如果是在大樓的一室放一張辦公桌，慢慢開始拓展商務的話，還可以一邊經營一邊思考，但開始咖啡店的話，要裝潢店內、購買廚房機器，得花費一定的初期成本。若不準備充裕的資金，一旦開店就無法輕易回頭了。

正因為如此，開店前的概念設定非常重要。但話說回來，「概念」此一字眼並非嚴

謹的定義，細分起來還有「開店概念」、「設計概念」、「菜單概念」等各種說法。

這一點可能讓不少人感到困惑，不知該從哪裡開始著手才好吧。

第一個一定要先思考的是「店概念」，包含「便利商店（全家）」與「和你在一起（你家）」的兩個意思，帶有希望客人感到便利與親切的心意。

這就是此一連鎖便利商店所提出的核心概念，從顧客的觀點來看，這個訊息可以說代表了這間公司的存在意義和特色。

不用多解釋，這個標語就是你家」。

舉一個表現核心概念的好例子，就是連鎖超商的全家便利商店，其企業標語是「全家

就是你家」。

因為咖啡店勢必反映出老闆的經驗、人品或個性等等。

什麼是核心概念

如果這麼說還是太籠統無法理解，將其視作咖啡店的「存在意義」也無妨。

一家店的存在意義或是價值，取決於提供商品或服務的店方，和接受這些的客人雙方面認為的價值當作核心概念，是無法成立的。

因此如果只是將自己單方面認為的價值當作核心概念，是無法成立的。

核心概念就在
你的心中

思考核心概念時，可以先分析一下你自己。

你有過什麼樣的經歷？現在的生活水準如何？同事和朋友平常怎麼看你？你有哪些人脈？你擅長什麼事、不擅長什麼事？

總歸而言，整理一下「你是什麼樣的人」吧。

決定核心概念

1 試著分析自己的過去與個性

〈思考的線索〉

工 作
- □ 經歷過什麼樣的工作？
- □ 什麼工作獲得好評？
- □ 有過什麼失敗的經驗？
- □ 是否比較會意識到成本？

個 性
- □ 身邊的人說你是什麼個性？
- □ 你是行動派或慎重派？
- □ 與男性應對比較輕鬆，還是女性？
- □ 有比較難以搭話的年齡層嗎？

風 格
- □ 喜歡團體行動，還是獨處比較輕鬆？
- □ 希望工作與私人時間分開嗎？
- □ 有什麼擅長的話題或是興趣？
- □ 合你口味的餐飲店是哪家？

你擅長的是什麼？

2 試著描繪出你憧憬的店面

〈思考的線索〉

菜 單
- □ 咖啡豆是淺焙派，還是深焙派？
- □ 重視咖啡、飲料，還是餐點？
- □ 重視產地還是成本？
- □ 重視食材還是活用的方法？

氣 氛
- □ 店內偏沉穩還是熱鬧？
- □ 店內人與人的交流頻繁，還是適合獨處？
- □ 適合小憩還是久坐？
- □ 格調前衛還是復古？

風 格
- □ 以當地居民為主，還是搭車的過路客為主？
- □ 以咖啡為主，還是餐點為主？
- □ 以客人之間的交流為主，還是以服務客人為主？
- □ 提供活力感，還是療癒感？

理想的店面如何？

核心概念
發想符合自己專長的咖啡店時，請一併思考自己擅長與不擅長的事，以及想要打造出什麼樣的店，試著把它的存在意義化成言語吧！

與你的特性相差太多的店，恐怕也無法長久。

如果找到了自己的作風，就要思考怎麼把這個「作風」發揮在店面上、想要用什麼方式為客人做出貢獻。

此時也別忘了要站在客人的立場上反覆思量，確立咖啡店的存在意義。

設定具體的次要概念

確立好核心概念之後，接下來就要思考開店的地段、店面設計、目標客群、菜單、服務態度等等的「次要概念」。

所謂次要概念，是指為了實現核心概念在各方面定下的方針。

各個次要概念之間，若有分歧的狀況，就無法確立咖啡店的個性，也難以讓客人接受，要多加注意。

尤其是在次要概念之中，應該率先著手處理的是「顧客概念」，即設定目標客群，「希望是什麼樣的人來光顧咖啡店」。

好比說，假設你有當女性職員主管的經驗，有信心能支援粉領族，那就可以鎖定女性為目標客群。不過，雖說都是女性，在大企業上班的四十歲女性和剛從短期大學畢業投入社會的二十幾歲女性，其手頭上的金錢、關心的事物和度過休閒時光的方式，照理說不會一樣。

因此，料理的訂價、調味客群，但也並不代表會如自己所想只有這種客人上門光顧。

不過，首要之務是**讓設定為目標的客群確實成為回流客，之後再花心思慢慢去拓展客**。這樣是風險較小的創業方式。

而且，有了清楚的目標客群，也會自然決定出其他次要概念該發展的方向。

關於目標客群的年齡、居住地區、家庭結構、職業等的項目，是設定得愈仔細愈好。

如果只設定「二十～三十歲的年輕女性」為目標客群，還是不能具體得知該提供些什麼才好。

即使決定好的次要概念後來出現需要中途修改的情況，重要的是**不要隨心情或一時心血來潮而輕意變更**。因為次要概念彼此要互相連結，才能彰顯出其意義。

讓鎖定的目標客群確實成為回流客

如前文所述，若目標客群

🫘 鎖定客層　～顧客概念～

希望什麼樣的客人上門？

- 年齡 _____
- 性別 _____
- 居住地區 _____
- 家庭結構 _____
- 職業 _____
- 年收 _____
- 個性 _____
- 價值觀 _____
- 生活風格 _____
- 來店目的　想喝好喝的咖啡

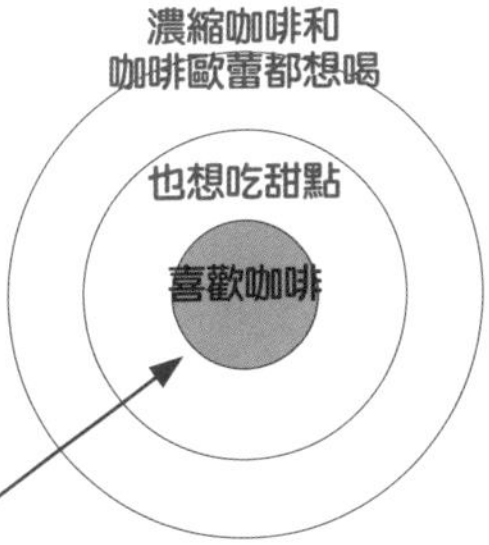

濃縮咖啡和
咖啡歐蕾都想喝

也想吃甜點

喜歡咖啡

目標客群

上圖是只看「來店的目的」的圖示，一開始時盡可能鎖定出目標客群，再逐一將「也想吃甜點」的客人加入目標客群，這樣概念就不容易模糊。

🫘 決定其他的次要概念

設備面	**地段概念** 要選在辦公區還是住宅區？要離車站近還是遠？請以這些問題為線索，思考看看。	**店面概念** 重視外帶還是內用？以飲料為中心還是豐富的餐點？請以這些問題為線索，思考看看。
服務面	**菜單概念** 咖啡是淺焙或深焙好？國人喜愛的口味如何？要以食材或變化取勝？請以這些問題為線索，思考看看。	**待客概念** 縮短與客人間的距離，還是保持一定距離？重視常客或一視同仁？請以這些問題為線索，思考看看。
策略面	**價格概念** 客單價、來店頻率、客人一次會點的品項數、咖啡與餐點的價格帶等等，請綜合地思考看看。	**廣告概念** 要打造出輕快的形象還是專賣店的形象？餐點要提供吃得飽的正餐，還是只提供咖啡？請以這些問題為線索，思考看看。

資金計畫會大大影響
開店後的經營

需要多少開店資金？
自備資金的參考值是多少？
事先預估充足的營運資金

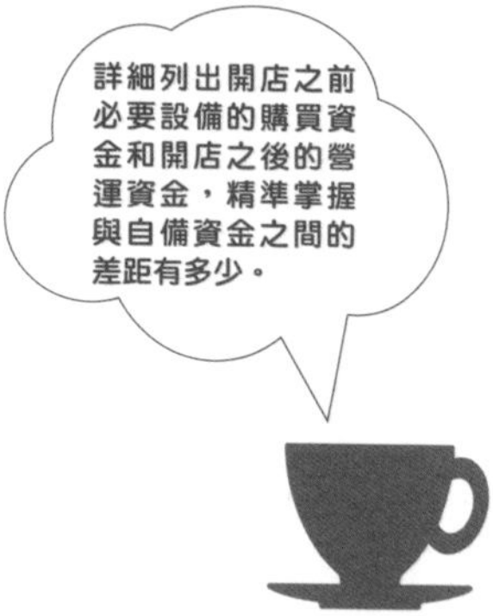

> 詳細列出開店之前必要設備的購買資金和開店之後的營運資金，精準掌握與自備資金之間的差距有多少。

把營運資金和預備金加入資金計畫

實際訪問過餐飲店的經營者，或是根據網路上的調查，關於開店資金的金額回答1000萬日圓以內的人約占60%。可以想像得出這個數字包含大型餐廳等設備費較高的業態，所以咖啡店需不需要這樣的金額因店而異。

實際上看看開店的實例就可以知道，只要縮減店面租用費或內部裝潢費、調理器具費左右的費用當作營運資金。不

營者，關於開店資金的金額回實際的支出每月差了3萬日圓，一年就會出現36萬日圓的差距。預料之外的「利潤」不會讓人困擾，但**預料之外的「支出」，可是會危及存續的重大問題**。

尤其是剛開幕時，營業額是難以預測的。因此資金計畫中，最少還要將三到六個月的規定。

如果這些預估的數字和實際的社會保險費、地方稅等。

營運資金除了每個月要繳的房租、進貨費、水電費、電信費之外，還包含員工的薪水和開設網站所需的互聯網服務費等費用。而且也要考慮到個人的社會保險費、地方稅等。

營運資金很容易預估得太樂觀，必須特別注意。

如圖表所示，**通常其中的營運資金很容易預估得太樂觀，必須特別注意。**

開店資金的細項如左頁的圖表所示，通常其中的營運

等等，依個人做法而異，店面很可能不需要花到200萬日圓就能開店。

其他方面也要盡可能確保預備的費用，以備不時之需。比方說，因租下附裝潢設備的店面而接收了烘豆機，但開店不到一個月就發生故障，這種情形並非不可能。

自備資金要準備
開店資金的三分之一

預估完開店資金之後，若是自備資金不夠時，就要考慮向政府的融資制度或金融機關貸款（參閱第102頁）。

目前日本有幾種針對初次創業者的融資制度，但大多都以自備資金的多寡作為審查的重點之一。其中甚至也有融資的上限為「自備資金的3倍」的規定。

至於為什麼要有這樣的規定，原因之一是如果連這種程

然在客人開始增加之時，店面很可能不需要花到200萬卻因為資金周轉不靈而面臨倒閉，實在會教人悔不當初。

100

☕ 開店所需的資金細項

承租店面相關費

☐ 簽約金（保證金、禮金等）

_____元

☐ 房地產仲介手續費（通常為房租1個月份）

_____元

☐ 裝潢讓渡費（參閱第128頁）

_____元

☐ 房租（1個月份）

_____元

用品・消耗品費

☐ 陳列櫃

_____元

☐ 收銀機、電腦

_____元

☐ 調理器具（瓦斯爐、攪拌機、調理碗等）

_____元

☐ 展示櫃、消耗品費（杯子、托盤、袋子等）

_____元

施工・設備相關費

☐ 內外裝潢費（參考其他店家）

_____元

☐ 設備工程（水電、瓦斯、空調等）

_____元

☐ 廚房機器（濃縮咖啡機、磨豆機、烘豆機、冰箱、烤箱等）

_____元

☐ 其他機器

_____元

其他費用

☐ 進貨費（咖啡豆、食材等）

_____元

☐ 各種製作費（商標、招牌、菜單、名片等）

_____元

☐ 廣告宣傳費（傳單、網頁製作費等）

_____元

☐ 營運資金（開店後3～6個月所需的費用）

_____元

總計金額（＝需要的開店資金）為？ _____元

> 若以樂觀的資金計畫倉促開店，之後吃苦的還是自己。能縮減成本的地方就縮減，研究貸款的對象，好好斟酌必要度與資金之間的平衡，從長計議！

度的自備資金都沒有的話，對方會判斷這不算是有計畫性的創業。

另外，也會懷疑是否是為了償還其他債務，而以創業的名義申請貸款。

因此，縱使有自備資金，若帳戶裡的餘額有突然增加的情形，金錢的來源也會受到融資方檢驗。

如果是向家人或親戚募來的資金就沒有問題，但如果是向其他信貸或朋友借來的款項，融資的成功率就會變得非常低。

創業者可利用的主要公家融資制度

要補足不夠的開店資金，
公家的融資制度很方便！
也能以備不時之需

若沒有實績，很難向銀行等民間金融機構申請到貸款。多利用日本政策金融公庫等政府機構的低利率融資制度吧！

先向日本政策金融公庫諮詢看看

如果手頭上的儲蓄湊不足創業所需的資金，很多人會申請融資。開店後，營收未必能馬上穩定，如果沒有自備資金，甚至很可能連店租都付不出來。為了以防萬一，還是盡量先貸好款比較妥當。

隨著開店而必須考慮的貸款中，最容易利用的是負責支援創業者的日本政策金融公庫的融資制度。有分好幾種制度，利息也各異，大多是1～3％以下。

適合咖啡店創業的融資制度有「一般貸款（生活衛生貸款）」。詳情如左頁圖表所示，設備資金最高可貸7200萬日圓。還款期間為十三年內，基本上需要擔保或保證人。

無法抵押或找到保證人的人，可以試著考慮「新創業融資制度」。就算無抵押、無保證人也可能獲得融資。融資額度為3000萬日圓以內，利息較前面所說的融資制度高。主要的條件有「現在在相同業種的企業任職，從業超過六年以上」、「創業資金有十分之一以上是自備資金」等等。

還有其他可利用的制度，例如針對女性或未滿三十五歲、五十五歲以上的人而制訂的「女性、青年、高齡創業家」的制度，咖啡店等餐飲店業者

也可以利用各地方政府的制度融資

日本各地方政府有提供稱為**「制度融資」**的各種制度，供民眾作為創業時可利用的資金。這種制度會先由地方政府來審核申請者是否符合貸款條件，進行面試後，再代為向金融機構交涉。

接受交涉的金融機構會審核其貸款內容，若是信用保證協會也承諾保證的話，就可以獲得融資。

例如，東京都有各種名為「東京都中小企業制度融資」的制度，咖啡店等餐飲店業者

的「**還款期間都設有「只需繳利息」的寬限期」**。對於剛開幕資金周轉吃緊的店家來說，是相當令人感激的制度（請參閱第110頁）。

不管是哪種融資制度，資金」等。

度，利息也各異，大多是1～3％以下。

❶ 創業者可能貸款的融資制度

	一般貸款 (生活衛生貸款)	新創業融資制度	女性、青年、 高齡創業家資金
對象	經營生活衛生關係事業（餐飲店、咖啡店等）的人	①新創業的人、創業後稅務申報未滿2期的人 ②符合以下一條件者 ・創業將產生雇傭機會，或是開創在服務上增加巧思，以回應各種需求的事業等 ・與現職相同業種的創業，並在該業種從業總計超過六年以上 ③創業資金有十分之一以上是自備資金　等	女性或未滿35歲、55歲以上的人 （剛要創業，或創業後七年內為主）
融資金的用途	設備資金	事業開始時或事業開始後需要的事業資金	事業開始時或事業開始後需要的事業資金
融資額度	7,200萬日圓以內	3,000萬日圓以內（其中營運資金1,500萬日圓以內）	7,200萬日圓以內（其中營運資金4,800萬日圓以內）
還款期限 （只繳利息寬限期）	設備資金：十三年以內（一年以內，還款期間超過七年的話兩年以內）	想利用「生活衛生貸款」等融資制度時，無擔保、無保證人的特別措施。還款期間依各制度為準	設備資金：二十年以內 （兩年以內） 營運資金：七年以內 （兩年以內）
利率	1.16〜2.35%	2.26〜2.85%	0.76〜1.95%
抵押、保證人	要	不要	要

※此為精簡的主要內容（利率為2018年2月9日當時的資訊）

> 民間的金融機構不僅利息高，基本上還要有擔保人。另外，不要因為審核作業繁瑣，就輕易使用現金卡來周轉資金。利息通常相差了一個位數，要當心！

可利用其中的「創業融資」。

融資額度在自備資金再加1000萬日圓的範圍內，還款期限是營運資金七年以內、設備資金十年以內（寬限期各一年），利息固定的話，都是1.9〜2.5%（2017年4月〜2018年3月的利率）。

其他的詳情請上東京都產業勞動局網站（http://www.sangyo-rodo.metro.tokyo.jp/）查詢。或者，離家最近的區公所可能也會有關於制度融資的資訊，請自行前往洽詢。

創業計畫書的基本寫法與為獲得融資的須知

從融資窗口負責人的立場
掌握創業計畫書的重點
確實出示能還款的證據

> 想開自己的店！若只是單純有著這樣的熱情，是無法借到大筆的融資金額的。融資時最重要的關鍵是創業計畫書的說服力。製作創業計畫書時應該要注意哪些地方呢？

為獲得融資須知的事

如前文所述，為了籌措開店資金，經常會利用日本政策金融公庫的融資制度，但實際上**能獲准融資的人的比例，據說只有10～20%左右**。

無法通過融資審核的案例，大多是因為無法據理說明自己的店「有利潤」=「有能力還款」。

首先，為了確認自己的計畫具有可實現性，請參考第106頁的範例和寫法，推敲出具有說服力的創業計畫書（書面資料可於同公庫的網站下載）。

當然，計畫是計畫，實際上或許無法如計畫那樣，順利讓咖啡店的經營上軌道。話雖如此，從借款方的立場來看，實在無法把錢借給拿不出能獲利的根據的對象。

根據同公庫的調查，開店五年內歇業的「餐飲店‧旅館業」比例高達23‧2%，所以融資負責人會嚴格審查。也就是說，包括你本身的「可信賴度」和「創業計畫書」的內容都會受到檢驗。

以掌握重點的計畫書和人品展現還款能力

創業計畫書要歸納出如開店動機、事業經驗、具體的商品內容和事業的前瞻等事項。

這個創業計畫書是判斷出你的店是否有「獲利能力」的重要工具。尤其是「是否具有從業經驗」會率先列為重點考量。不用說，愈是在業界擁有一定實績的人，或是有其他行業從業經驗的人，就愈容易獲得融資。

另一個重點是「賣點」。相較於其他店家，自家有什麼優點？這些點子是否可能實現等等。請參考第96頁的概念設定，據理提出自己的店會成功的證據。

還有，最後要提出的是「事業的前瞻」。

此處的重點一如前文所述，要提出確切的「根據」。大家往往會在這裡強調多有賺頭，但融資負責人可不會那麼輕易就接受。

反倒是嚴謹的預測能給人有在認真思考的印象，進而獲得好感。同時，關於你的信用度，面談時講話是否有邏輯、

從申請融資到核可的流程

1
到最近的分行諮詢

事先打電話或直接到分行窗口諮詢看看自己適合哪種融資制度。最好先把要諮詢的內容整理好，以便去一次就問完。

2
申請融資

準備好創業計畫書或貸款申請書等必要文件，申請融資。如果要以不動產為擔保的話，要附上建築物登記謄本等。文件須注意整合性和客觀性，以求能讓對方理解。

3
面談・審核

之後，對方會根據你所提出的創業計畫書，面談確認詳細的事業內容。這時如果有補充資料可一併帶去。記得態度不要畏縮，請誠實且充滿自信地回答問題。

4
獲准融資

通過審核後會送來簽約必要的文件，開始進行申請手續。從申請到融資放款約需一個月左右的時間。為了便於掌握獲利狀況，建議把咖啡館的銀行帳號和融資的銀行帳號分開。

信用資訊登錄機關的公開資訊（範例）

年	H30			H29							
月	3月	2月	1月	12月	11月	10月	9月	8月	7月	6月	5月
狀況	A	A	$	$	P	—	—	—	$	$	$

- 因利用者的關係期限內沒有繳款
- 雖然有繳款，但忘了繳付滯納金等（只繳交部分金額）
- 沒有使用借款
- 沒有問題，按照帳單繳款

上表的「狀況」欄記錄著遲繳等情況。這裡如有「異動」，就代表會列入黑名單。日本的信用資訊登錄機構有CIC、日本信用情報機構、全國銀行個人情報中心等各家機構。關於利用方法及手續費等請自行洽詢。

儀容是否整潔等也是審核的項目之一。

其他如**自備資金的金額或有無保證人，都是衡量信用度的基準**，所以請多花一點時間充分準備，以好好應對回答。

就像申請房貸一樣，審核時融資方會向信用資訊登錄機關查閱貸款的紀錄。

如果沒有延遲還款的記錄就沒問題，但如上圖所示信用資訊登錄機關會留下過去兩年的記錄，所以若有疑慮的話，不妨去調閱看看個人也能申請公開的信用資訊紀錄。

創業計畫書

· 本文件為節省面談時間之用，雖然繁複，請配合填寫。
　此外，本文件不再歸還本人，敬請留意。
· 請在可能的範圍內盡量填寫，與貸款申請一併提交。
· 申請人可提供自製的計畫書代替本文件。

姓名　○○○

1　創業的動機·事業的經驗等

〔　○　年　○　月　○　日製作〕

業　種	餐飲業（咖啡館）		創業（預定）時期	年　月　日

您創業目的、動機為何？	· 因為我自己非常喜歡咖啡，買了烘豆機放在家裡。每週週末都換不同的咖啡豆反覆烘焙，也會去參加烘豆講座。除了到餐飲創業學校學習知識之外，聽了開咖啡店的友人的經驗談後，決定提前離職，自行創業。 · 因為在目標客層聚集的區域找到了便宜的店面。

> 不只是熱誠，也要寫出為何看好事業前瞻的具體理由！

過去是否有自己經營事業的經驗？	☑　不曾自行經營事業。 □　曾自行經營事業，現在仍繼續經營該事業。 □　曾自行經營事業，但已結束該事業。

⇒歇業日期：　　年　　月

有過此事業的相關經驗嗎？（任職公司、從業年數等創業之前的經歷）	年月	簡歷·沿革
	○年○月～	在家電廠商任職25年，升到商品企劃部副理
	○年○月～	在家裡買了烘豆機，每週週末換不同的咖啡豆反覆練習烘焙
	○年○月～	到餐飲創業學校進修（～○年○月為止）

> 這裡是特別受關注的重點。另附上「職務履歷書」比較好。若無餐飲的從業經驗，寫出參加過咖啡店創業講座等等，具體表示自己具有充分的知識和技術。

考取證照	有（　　　　　　　　　）·　　無

2　提供的商品·服務內容

請具體寫出要提供的商品、服務內容。	①　10種可選的單品咖啡和原創特調咖啡（營收占有率　60%） ②　生乳酪蛋糕、巧克力蛋糕等自製甜點（營收占有率　40%） ③

> 商品項目和單價若已決定好，建議可以製作一張一覽表附上。此時要注意與預測業績之間的一致性。

賣點為何？	· 買進讓咖啡行家也認同的精品咖啡豆，以自家烘焙的方式提供新鮮香醇的咖啡。徹底進行簡單易懂的說明，讓一般的客人都能了解 · 鄰近車站前的商店街，以來購物的女性客人為目標客層，設計裝潢與菜單

> 站在客人的立場寫出賣點。

3　交易對象·交易條件

	交易對象（所在地等）	占有率	賒帳比率	回收·支付條件	交易對象（所在地等）	占有率	賒帳比率	回收·支付條件
販售對象	以利用附近的車站、商店街的年輕女性為主	％	％	日結算 當　日回收		％	％	日結算 日回收
			％	日結算 日回收		％	％	日結算 日回收
進貨廠商	專門進口精品咖啡的公司（朋友介紹）	％	％	月底日結算 下月底支付		％	％	日結算 日回收
			％	日結算 日支付		％	％	日結算 日回收
外包對象		％	％	日結算 日支付		％	％	日結算 日回收
		％	％	日結算 日支付		％	％	日結算 日回收

> 如果以散客為主，要填寫目標客層。

> 有合約的話一併附上。預定的話寫「預定」。

員工等		（　人 　人 　人	人事費的支出	獎金支付月 月、	日結算 月	日支付 月

106

4 所需資金與籌措方法　　　　　　　　　　　　　　　　　○ 年 ○ 月 ○ 日　製作

所　需　資　金		金　額	籌　措　方　法	金　額
設備資金	店面、工廠、機械、用品、車輛等（細項）	1,570 萬日圓	自備資金	800 萬日圓
	・店鋪內外裝潢工程（見○○公司的估價單）	700	向父母、兄弟姊妹、朋友的借款（細項、償還方式）父	250 萬日圓
	・廚房機器（見○○公司的估價單）	600	本金2.5萬日圓×100次（無利息）	
	・展示櫃、用品類（見○○公司的估價單）	150		
	・保證金	120	日本政策金融公庫借款本金10萬日圓×70次（年利率○.○％）	700 萬日圓
營運資金	進貨商品、支付經費的資金等（細項）	180 萬日圓	向其他金融機構借款（細項、償還方式）	0 萬日圓
	・進貨	100		
	・廣告費等各經費的支付	80		
總計		1,750 萬日圓	總計	1,750 萬日圓

> 設備相關的費用須附上列有商品名稱等詳細內容的估價單或型錄。

> 營運資金預估約3〜6個月的份。

> 左欄和右欄的總計金額須一致。

5 事業的前瞻（月平均）

		創業初期	上軌道後（○年○月左右）	營業額、營業成本（進貨成本）、經費根據
	營 業 額 ①	61.2 萬日圓	100 萬日圓	〈創業初期〉①營業額（週二公休）20幾歲女性客層＝客單價（900日圓）×20人×24天＝43.2萬日圓 男性客層＝客單價（500日圓）×15人×24天＝18萬日圓②成本率 約25%（參考朋友咖啡店的資料）③人事費 工作人員（妻）1人：10萬日圓◎房租：15萬日圓◎支付利息：700萬日圓×年利○.○%÷12個月＝2萬日圓◎其他（水電費、宣傳廣告費等）：5萬日圓 〈事業上軌道後〉①約創業初時的1.6倍（從現職公司的經驗預測）②採用當初的原價率③其他（水電費、宣傳廣告費等）隨著營收的增加，水電費也會上升。另外再加上新商品的開發費用等支出，預計增加5萬日圓。
	營業成本②（進貨成本）	15 萬日圓	25 萬日圓	
經費	人事費（註）	10 萬日圓	10 萬日圓	
	房　租	15 萬日圓	15 萬日圓	
	支付利息	2 萬日圓	2 萬日圓	
	其　他	5 萬日圓	10 萬日圓	
	總計③	32 萬日圓	37 萬日圓	
利潤①－②－③		14.2 萬日圓	38 萬日圓	（註）個人經營的話，則不包含經營者的部分。

> 一般是以營業額×原價率算出。

> 支付利息（一個月）以借款金額×年利率÷12個月計算。

> 借款的償還金額、個人營業時經營者的酬勞（人事費）從這裡支付。

若是有其他參考資料，請和計畫書一併提交。（日本政策金融公庫 國民生活事業）

籌措資金
可考慮群眾募資

群眾募資是現在
備受矚目的籌措資金方式
可以宣傳、收集資訊，也能獲得粉絲

創投企業、公益團體或藝術家常用來籌措資金的群眾募資，其實也可以運用於開咖啡店上。

群眾募資的四種類型

群眾募資是當發起人有新發想的商品、服務，或有什麼能支援社會問題的點子或企劃時，**透過網路廣求贊助，向有共鳴的人募集資金的方法**，近年來相當受矚目。

簡單說明這個機制的話，就是發起人為了實現自己的企劃，先計算出所需的目標金額和經費，並且為了達到目標金額，推測需要的贊助人數來擬定宣傳計畫。

而目標金額，還包含了達成目標時回饋給贊助者的費用（優惠）等。以這個目標金額，向每一位贊助者請求資金（平均約1萬日圓），在爭取同伴協助的同時，也力圖在網站上廣為宣傳專案。

募資平台的主要公司，有屬於先趨者的「Readyfor」、專長領域為音樂與藝術的「CAMPFIRE」，還有在餐飲界稱雄的「Makuake」等等，各具特色。

另外，群眾募資依照資金或對贊助者的回饋，大致可分成左頁下圖的四種類型。近年來看看其他達成目標的餐飲店專案，例如有的提供只有贊助者能來店的會員權，或

小企業用來籌措資金的是「購買型」。

目標金額當作開店資金的一部分

企劃內容將刊登於募資平台公司的專案網頁上，預期應該能獲得許多支持者的熱門專案，可以刊登一～二個月的一人來說，也是一個機會。

由於也可以設定少額的目標金額當作開店資金的一部分，所以對於打算開咖啡店的人來說，也是一個機會。

除籌資金以外還有其他效果可期

近來，群眾募資在各個領域廣泛被利用，例如需要IT科技的商品開發、拍電影、出版，或開發遊戲、軟體等等。

而餐飲業界利用群眾募資籌措部分開店資金的案例近年來也有增加的趨勢。舉例來說，2014年在東京澀谷開幕的書香咖啡店「森之圖書室」，發起讓客人可以喝飲料、享受閱讀直到深夜時分的計畫，當時募到了超過最高額950萬日圓的資助金。

群眾募資的流程

1 申請～審核

整理好群眾募資的目的與期望金額，再向募資平台的公司申請專案。募資公司將針對募資內容進行審核，判斷其獨立性、實現性、健全性等。

2 通過～開始準備

如果申請的內容沒問題，即可通過，在執行專案前，開始進行網頁製作或設計回饋方案等準備工作。還可以接受募資公司業務員的建議。

3 公開～宣傳

完成設計之後，依申請者自身決定的時機在募資網站上公開、宣傳專案。若未能在期限內達到期望金額，代表募資不成立，募資計畫便會被取消，無法獲得資助款。

4 報告～發布資訊

贊助者的留言可作為改進服務或商品的參考。寄出達成目標的謝禮或回饋，也能向贊助者或瀏覽專案網站的人進行宣傳。

> 群眾募資唯有達成目標金額才能獲得資助款（也有例外的情形）。若沒達到目標金額，資金的籌措計畫就會被取消，也不能回饋贊助者，請留意。

群眾募資的四種類型

1 捐款型

募來的款項全額捐出，沒有給出資者的回饋。

2 投資型

出資者從專案的獲利中獲得「紅利」。

3 融資型

出資者以「利息」的形式獲得一定程度的回饋。

4 購買型

出資者以購買商品或服務等的方式獲得回饋。

能以優惠的價格消費等，因回饋方案很吸引人而成功向許多贊助者募集到資金。

群眾募資的好處**除了籌措資金以外，還能讓人覺得「如果有這麼有趣的咖啡店，其想去看看」**。而且，容易在社群網站上引起熱議，具有宣傳的效果。

因為一方面可以像這樣直接向贊助者宣傳，所以群眾募資也可以作為店家獲得粉絲的手段之一，近年來備受矚目。

Question 問與答
貸款的重點

一般而言餐飲店創業時，需要1,000萬日圓左右的資金。向金融機構融資時，應該注意什麼事情呢？讓我們簡單整理一下。

Q1 向金融機構融資時，聽說有寬限期。是不是先申請寬限期比較好？

A 一般而言，餐飲店開幕後至少需要幾個月到半年的時間才能讓營運上軌道。但是，這段期間就算沒什麼收入，還是得不斷支出人事成本、食材費和房租等現金。

因此可以多利用「寬限期」。這個制度是在訂好的融資期限初期一段時間內，只要付利息就好的制度（寬限期為一年內或兩年內。請參閱第103頁的圖表）。

以貸款700萬日圓，年利率2.0%，償還期分七年的情形為例，光是還本金每個月就要繳交近8萬日圓。如果設置半年寬限期的話，每月繳交的金額為11,666日圓。手上約可留下50萬日圓的現金。

這個寬限期必須在融資通過之前申請，所以與其煩惱，建議不如先申請再說。

Q2 我想訂立還款計畫。一般大多是分幾年還清呢？

A 向日本政策金融公庫等公家機關貸款開餐飲店的話，一般大多以五年左右為還款期限。

不同寬限期每月還款金額的比較

條件：融資金額300萬日圓，還款期限5年
無發放獎金，利率2.0%（假設不變動），均等支付本金利息

寬限期	寬限期中每月的還款金額	寬限期後每月的還款金額	總還款金額
0年	52,583日圓	52,583日圓	3,154,968日圓
1年	5,000日圓	65,085日圓	3,184,076日圓
2年	5,000日圓	85,927日圓	3,213,384日圓

無寬限期的每月還款金額從一開始到還清都是固定金額。隨寬限期結束後，還款壓力會變大，所以也要特別注意。

不過，這也隨貸款的金額而定，不能一概論之。貸款金額高，卻設定較短的還款期限的話，每個月的繳款金額就會變得龐大，很可能會壓迫到咖啡店的營運。請參考事業計畫上對收支的預測等，衡量貸款金額與融資期限之間的平衡。

另一個要注意的重點是，大部分的情況是融資期間愈長，利率也就愈高，所以也要考慮會不會拖太久的問題。請配合開店計畫，制訂出最適當的還款計畫。

Q3 貸款時，一定要有保證人或抵押品嗎？有沒有自備資金向公家融資是否有差？

A 雖然日本政策金融公庫等機關標榜也有不需要抵押品或保證人的貸款制度，但現實情況是至少也要有保證人才行。

而且，如果希望貸款的金額較大，或是對方對於能否還款有一些疑慮的話，也有需要保證人和抵押品作為彌補的案例。

另外，日本政策金融公庫有一種新創業融資制度（無抵押品、無保證人），其基準利率是2.26～2.85%，相較於此，有提供抵押品的融資基準利率是1.16～2.35%（2018年2月當時），如上所述，利率有所差異。

日本政策金融公庫或地方政府等公家機關的貸款制度，是為了支持地方經濟的活化、支援年輕人或女性創業，所以融資的審核條件相比於民間機構較為寬鬆。

不過，要融資到設定金額的上限非常困難。雖然對方是公家機關，能不能貸到款，可以說還是取決於自備資金。

日本政策金融公庫也有針對強化中小企業經營能力的融資制度等，不用自備資金也能夠申請，但實際上沒有自備資金的話，可能會無法通過審核。公庫可貸款到的金額，約莫是自備資金的2～3倍，請以此為參考基準。

第3章

設計菜單
及
挑選店面的
重點

你的店是重視咖啡還是餐點是否豐富？或者要開一家外帶專賣店？
店面的挑選方法會隨答案而有所不同。並非只有方便的地段才是成功的祕訣。
這一章我們將介紹挑選店面的方法。

菜單設計的基本架構與活用法

表現概念的同時，
多把招牌菜色加以變化，
提升咖啡店的價值

> 咖啡店提供的飲料和餐點有很多種，為了傳達自家的魅力，要好好呈現出店裡的概念。

飲料＆餐點也要傳達出概念

設計菜單之前應該要先思考的是，**為了呈現出自家咖啡店的特色，針對主要的目標客層要提供什麼樣的菜色**。只要這份想法能順利傳達給目標客層，不僅當地的居民會捧場，甚至也會有客人願意搭電車遠道而來。

如果你喜歡咖啡店，那就請冷靜地回想一下，自己在喜歡的咖啡店享用咖啡或餐點時，店家，在以自豪的口味為「賣點」的同時，應該也打出了某些概念。所以，光靠「因為很喜歡咖啡和料理，所以想要開店」的動機是無法在市場上立足的。

不管什麼樣的餐飲店都適用這個道理。只是很會沖泡咖啡、很會做料理，光是如此可說是遠遠不夠。

受到感動的經驗。是散步途中，在路過的店裡，當一杯咖啡放在面前的時候；還是下班後一邊和咖啡師聊天一邊喝下的那杯特調；又或者是那不只讓肚子，連心靈也獲得滿足的老式義大利麵套餐……你應該會發現，在享用飲品和餐點時，會連咖啡店的空間一起品味。

關於這一點，雖然大型連鎖咖啡店讓人偶然路過時也能安心踏入，卻無法品味到獨特的個性。相對於此，**客人第**一次造訪個人咖啡店後若覺得喜歡，以後還想再來，是因為**發現了值得特地前來的價值**。

對客人而言，店家沒有核心概念的話，不管到哪裡吃到哪喝喝都一樣。這樣即使賺取了一時的利潤，恐怕也難以長久經營下去。

不要只是模仿人氣店家而是要當作參考的範本

或許有很多開咖啡店的人，是辭去公司職務後創業的，不過只是模仿人氣店家的類型，並沒有意義。

也許你會想「那個三明治很好吃，我自己也做得出一樣很好吃，但人氣店家的餐點之所以受到好評，**是因為店家的核心概念符合目標客層喜好**

① 呈現出咖啡店概念的菜單

「沖泡咖啡歐蕾的過程也可以是一種表演。」咖啡店「AMBER DROP」（第28頁）的老闆新井先生說。

表演

新鮮蔬菜

利用曾在拉麵店工作的經驗，使用新鮮蔬菜和土雞叉燒肉做成特製拉麵。「engawa cafe」（第48頁）。

受單身客歡迎

「ことばのはおと」（第74頁）因為有很多獨居的單身客人，所以能吃到豐富蔬菜的客飯相當受歡迎。

的緣故。

首先是店家希望這種客群來光顧，當如己所願開始成功吸引到這些客人後，料理的價值才會真正受到評價。

不要只是模仿人氣店家而已。可以將之當作參考的範本，用其他不同的材料或調味方式改良看看，嘗試做一些變化，花點工夫來提升自家咖啡店的價值。

為此要造訪各式各樣的咖啡店，實際觀察對方採取了什麼樣的核心概念。如此一來，相信你也能理解寫在菜單板上的餐點組合有何用意。

向客人簡單明瞭地介紹咖啡的風味

自己的咖啡店要以包含咖啡在內的飲品為主嗎？還是把重心放在餐點上？或者是主打自家製的蛋糕？推出特別的菜色？

雖然總括而言都是開一家開咖啡店，形態卻各有不同。

讓我們以特徵是店面較小的吧檯咖啡館為例來說明吧。

手沖的咖啡要有淺焙和深焙兩種家常特調，加上幾款可供客人自行選擇喜歡的咖啡豆的單品咖啡。

另外，濃縮咖啡是許多飲品的基本材料。一般都會有拿鐵咖啡、卡布奇諾、美式咖啡等基本品項。

不只是咖啡的口味，若是有拉花的技術，還能帶給客人額外的驚喜。

同時，**客人未必都有咖啡**和風味也很重要。

為了讓客人找到符合喜好的咖啡，在菜單上附上說明文字，要先了解時下流行什麼樣的食材和組合。

變化招牌菜色
讓客人願意一來再來

即便是前面所說的這種吧檯咖啡館，如果只賣飲料品項的話，客單價很容易偏低。因此，尤其是以女性為目標客層的話，可以兼賣蛋糕、烘焙糕點（餅乾、司康等）、甜品等試試看。還有鬆餅、戚風蛋糕或平價的蛋糕套餐也都相當受到女性歡迎。

不過，如果不是自家製或只有自己的店裡才吃得到的口味，客人再次回流的可能性不高。甜點的外觀也是重要的要素，要先了解時下流行什麼樣嚐嚐看是什麼味道。

這樣的菜單設計會讓第一

的相關知識，因此能否以簡單搭配，不妨多摸索試做看看，嘗試找出能互相襯托的口味。

要注意的一點是，若是為了給人深刻的印象，而在菜單上推出很少見的食材或調理的方法，一開始時其實不太會有客人敢點。

咖啡店剛開幕時，若不能讓客人想來第二次，就無法延續日後的商機。

所以，把一般客人會點的菜色加以變化一下，呈現出自家獨創的風格，可說是基本的做法。

在此希望各位要先記得一點，只要在所有人都知道的味**道中加一點不同的風味，或變化一下提供的方式**，就能成為人氣商品。

大家熟悉的餐點或飲料只要多一點變化，客人就會想要

至於菜色口味是否和咖啡和風味也很重要。

114

🍴 讓人覺得美味的8個重點

食物的品質

季節感
強調是使用當季食材做成的餐點。讓客人覺得「現在在這裡吃才好吃」的同時，也要花心思讓客人了解店裡餐點的核心概念。

食材感
剛起鍋的歐姆蛋的「蓬鬆感」、新鮮蔬菜的「爽脆感」等等，讓吃的人享受到食材原本的口感，比較容易留下印象，進而想要「再吃一次！」。

安全・安心
現在很多人很在乎食品的「安全・安心」。使用有機蔬菜、土雞等做成的料理也相當受到歡迎。看到產地或生產者的照片，會讓客人覺得店裡使用的是精選過的食材。

新鮮度・產地
向契作農家買來的新鮮蔬菜，或是到漁港採買的新鮮海鮮等等，展示客人平常看不到的東西，可以製造驚喜感。發布生產地相關的資訊，也可以成為店裡的賣點。

食物的調理

健康感
使用熱量較少的食材，或以蔬菜為主的餐點等，能吸引注重健康的女性顧客。附帶一提，近年來「老虎堅果」等號稱「超級食物」的食材與點心，因為營養價值很高而備受矚目。

分量感
可以參考夾滿食材的三明治或美式漢堡。另外，想要飽餐一頓的男性顧客們喜愛的午餐定食，可以在白飯或是擺盤上增加分量感。

香味・聲音
採用開放式廚房的咖啡店，通常會讓坐在櫃台的客人可以看到廚房的內部。大蒜油爆香的味道、菜刀切新鮮蔬菜的聲音等，都能提高客人對於料理的期待感。

色彩
春季水嫩蔬菜的顏色，或在肉類、魚類料理旁佐上一抹綠意，都能讓享用的人更感到賞心悅目。另外，香草的香味和風味的平衡也能促進客人的食欲。

次光顧的客人一來再來，「今天點點看別的好了」、「還有這種飲料啊！」當客人這麼想的時候就會出現效果。把菜單設計成能一點一滴讓客人滲透的形式吧。

請先從大家熟悉的招牌菜色想想看，能不能在調味或外觀上做點變化，慢慢研發出別人模仿不來的招牌商品。

買進原料的5種主要管道

如何穩定採買到
高品質的咖啡豆與餐點食材，
要先了解其特徵

咖啡豆與餐點的食材要講究新鮮？還是偏好一般品質但穩定的貨源？先從這一點想想看。

先當作嘗試
從網路上買進咖啡豆看看

說到咖啡豆的商店，網路上也有賣精品咖啡豆的商店，可以從100公克的小分量買起，較沒有壓力，因此不妨抱著嘗試的心情先買看看。

若是想採取注重品質的正統進貨管道，除了咖啡豆之外也有販售相關器具的進口公司「WATARU」，以及也有在經營咖啡店的「堀口珈琲」都相當有名。或是自己常常光顧的

賣精品咖啡豆的商店，可以從100公克的小分量買起，較沒有壓力，因此不妨抱著嘗試的心情先買看看。

以講究的食材
展現店家的個性

如果想買進高品質的蔬菜等食材，也可以直接和生產者交易。話雖如此，先前沒有相關經驗的話，也會很煩惱不知道要向哪個生產者購買吧。

上網查詢或瀏覽部落格，親切地為買家介紹田地。就算

蔬菜的時候就相當方便。

有這種超市的話，臨時缺食材的時候，或是只需要進貨少量看看**食材的味道和品質是否夠**

業務用超市雖然必須得自己去買，但對於小咖啡店的進貨量來說或許也足夠了。附近有這種超市的話，臨時缺食材

選擇批發商的話，只要簽約就能穩定進貨，而且還可利用送貨到店的服務，也可以省下出去採買的時間。雖然必須確認看看送貨的次數是否符合店家的需要，但即使少量也能配送，所以若店家著重於餐點的話，可以說是相當便利。

如果遇到理念與自己相符的農家，接下來再進行買賣的交涉。總之不用多說，親自多跑幾次是很重要的。

不論是要向生產者或業者購買，決定進貨時，都要檢查

最普遍的方式是向批發商或到業務用的超市購買。管道有所不同。

另外，買進餐點要用的食材有幾種管道，**看店家是想訂購講求新鮮的食材，還是認為可以穩定供貨的話一般的食材即可**，管道有所不同。

和餐飲店進行交易，如果有覺得不錯的人選，不妨先找機會做不成買賣也不要輕言放棄，試著多和幾個農家的人見面交談看看。有些農家還會見一次面看看。就算親切地為買家介紹田地。就算得不錯的人選，不妨先找機會

咖啡店有在自家烘豆的話，也可以問問看對方能不能批貨給自己。

🫘 咖啡店買進原料的5種主要管道

進口公司
直接從生產國進口精品咖啡豆或咖啡相關的器具，一起買進很方便。有些業者還會舉辦沖煮咖啡的講座或提供開店的支援服務。

生產者
自己尋找或透過介紹實際與生產者見面交涉。若對方是菜農，可以幫忙一下農務展現熱誠。此外，也有咖啡店試圖直接到咖啡豆的生產國開發貨源管道。

市場
一開始先和有經驗的人一起去，慢慢習慣。很容易會被推銷購買不需要的東西，要多加留意。不妨趁專家結束交易後的10點前去逛市場，也許能買到便宜的食材。

Cafe

批發業者
可以搭配送貨的服務，能夠穩定進貨。雖然也可以在網路上查到相關業者，但請有在經營餐飲店的朋友介紹比較放心。

業務用超市
附近有賣業務用食材的超市的話，臨時缺食材時也能買到少量的蔬菜等，對店家而言非常方便。好處是店裡無須囤積過多庫存。

好？供貨量是否穩定？價格是否公道？除了這些管道之外，也可以到市場採買。

買到稀有的食材時，可以打出「本日推薦」、「季節限定菜單」等名號，加上一些附加價值來展現咖啡店的特色，會更吸引客人的注意。

最後，要注意**食材的進貨管道不要只有一個**。就算是同一種食材，不同業者各有自豪的項目，或是價格較高但能因應臨時的訂貨等，各有各的特色。另外，也別忘了基本上和業者之間都是採現金交易。

117

穩定營利的基礎
是控管成本

菜單的價格設定
就原價率與營收的比率
來考量是基本方法

> 菜單的價格不管太高或太低都難以獲利。重點在於符合咖啡店的核心概念，並且要讓客人感到滿足。

先考慮客單價
再決定菜單的訂價

先就能好好飽餐一頓的咖啡店菜單，來思考看看餐點的價格設定吧。

比方說，因為從生產者那買到平常很難買到的食材，所以訂出較高的價格，但點餐的人沒有如預期中的增加，營收反而減少的案例時有所聞。或者，以為以便宜的價格提供好食材就能提升買氣，結果反而經營得很辛苦，這種情況也常發生。

就像這樣，菜單的訂價無論太高或是太低都不好，或者是自己隨意亂訂價都不好，這點請各位銘記在心。

菜單的價格設定，少不了「對顧客來說有價值」這樣的觀點。**盡量以便宜的價格買進好的食材，調理成美味的料理讓客人享用**，藉由這麼做就能降低原價率（成本相對於售價的比率），也對客人有好處。這才是咖啡店能長久經營、擁有穩定營收的理論。

了解原價率的
基本概念

原價率是顯示出營收當中食材的進貨金額所占的比率，包含食材、調味料、飲料等算在內。原價率是用以下公式求得的：

（進貨金額－庫存食材的金額）÷營收

原價率依業態而異，但一般而言，要控制在30％以下較為恰當。

換句話說，相對於一個月的營收，原物料成本的總額要位銘記在心。

菜單的價格設定，少不了在30％以下左右較好。

不過，不用菜單中的所有品項原價率都30％以下。並非只要原價率低，就能像前文所描述的一樣順利獲利。

例如，可以把原價率高的商品——也就是「**實惠餐點**」**設定成合理的價格、原價率低的「附屬餐點」則便宜供應，打造出讓人想要順便加點品嚐看看的菜單**。

這麼一來，菜單整體上的點餐數量增加，除了較容易維持在恰當原價率之外，同時客人的選擇變多，應該也會更加盡興才是。

就算是供應高成本料理的店，要讓客人覺得「想在這家店吃飯」而推出優惠的餐點，

118

❶學會控管原價率

〈例〉咖哩雞的成本管理表

品 名	售 價	800	毛 利	593.96
咖哩雞	成 本	206.04	利潤率	74.25%
	原價率	25.80%		

原價率也有「成本÷售價」的簡易算法。掌握好每一品項不同的原價率很重要。

品名	數量	單位	單價	成本
雞肉	50	g	1.41	70.48
胡蘿蔔	20	g	0.43	8.50
馬鈴薯	50	g	0.25	12.55
洋蔥	30	g	0.21	6.25
米	200	g	0.25	50.26
咖哩塊	0.2	箱	275.00	55.0
蕗蕎	10	g	0.30	3.00

◎原價率　公式：（進貨金額－庫存食材的金額）÷營收

　　意指成本相對於營收的比率。把有賺頭的商品和優惠商品搭配在一起之類，藉由控制每個菜單品項的原價率，就能將整體的原價率維持在適當的位置。

◎毛　利　公式：營收－成本

　　用於進貨材料、製作菜單所支出的費用。

◎利潤率　公式：利潤÷價格×100（％）

　　例如比較成本高和成本低的商品時，顯示能賺多少錢的指標。從毛利再減掉必要支出所得出的數字就是利潤。

●菜單品項的原價率基準

30%以下

●原價率高的優惠餐點的原價率

最高到50%左右

→但要壓低在整體營收的10%以內

　其原價率最高也只能到50％左右。此外，幾乎沒賺頭的品項也要壓低在整體營收的10％以內的程度。因為**都只有優惠的餐點熱賣也是只是窮忙，無法提高獲利**。

　為了正確地把握並控管原價率，如上圖般將每樣菜單都製作成本管理表，就能夠一目瞭然。除了記錄每樣菜單的材料、分量和做法方便管理之外，這麼做還有另一個目的，就是計算每樣商品的原價率以調整成本。

　為避免進貨過多或食材的廢棄，使得原本能獲利的材料浪費掉，建議**每個月清點一次，努力掌握正確的原價率**。

119

能獲利的菜單構思法

分析菜單品項的營收
並修正軌道，
反映在咖啡店的營運上

店裡的核心概念固然重要，但掌握顧客的需求也很重要。定期分析營收狀況，找出日後的課題與要改善的地方。

掌握顧客需求
尋找修正軌道的可能性

開幕之後，儘管想以核心概念為目標經營咖啡店，但也會遇到和事與願違的時候。這時，不要只一心執著於理想，去試著分析客人想要什麼，什麼需要改進的地方或課題來修正營運軌道的話，將難以長久經營下去。

掌握客人的需求並將之反映在營運上也是重要的工作

不管什麼行業都一樣，不去試著分析客人想要什麼，什麼需要改進的地方或課題來修正營運軌道的話，將難以長久經營下去。

意料之外的滯銷
要趁早思考對策

作為招牌的餐點或自家特別講究的品項，若發生銷路不太好的情況，原因之一可能是因為沒有確實把它的魅力傳達給客人知道。

這時可以採取一些對策，例如祭出試吃價讓客人嘗鮮看看，或者和客人聊天問看對方喜好的口味，再推薦合適的餐點等等，可以考量各式各樣的推銷方法。

要探究出顧客的需求還有一個好方法，就是親自走訪同一地區的人氣店家，以自己的眼睛和舌頭確認看看是什麼樣的菜色受消費者青睞。

定期分析營收
以營收排行為思考依據

分析營收的時候，必須要先知道什麼品項常有人點、什麼品項乏人問津，掌握銷售數量等資訊。

比方說，可以如121頁上方圖表，將營收累計比率在70%以下的列為A級（主力品項），70%～90%的是B級

首先就菜單來分析大家都愛點的品項，和乏人問津的品項吧。

依季節或時期的不同，經常出餐的品項也會有所變動，所以建議每個月要調查一次營收。然後再調出每一週或每兩週的資料，以求進行更準確地分析。

另外，倘若你不太常回應顧客的需求，像是菜單或價格的變動這類方式，不妨檢討看看是否有什麼可以隨機應變的做法。

尤其是咖啡店這個行業容易受到流行影響，經營者必須要對趨勢保持敏銳度才行。

120

分析營收作為修正軌道的基準

銷售排行	品名	單價	數量	營收	累計營收	累計比率	級別
1	漢堡套餐	1,000	300	300,000	300,000	31.3%	A
2	咖哩飯	800	200	160,000	460,000	48.0%	A
3	義大利麵套餐	1,000	170	170,000	630,000	65.7%	A
4	蛋包飯	1,100	130	143,000	773,000	80.6%	B
5	牛肉燴飯	1,000	80	80,000	853,000	89.0%	B
6	燉湯套餐	800	70	56,000	909,000	94.8%	C
7	乾咖哩	1,000	50	50,000	959,000	100%	C

從營收高的開始依序排列

等同營收總額

①累計比率＝累計營收÷營收總額

●依照在累計比率中所占的比率，分成A～C三個級別
◎A級　70％以下＝主力品項
◎B級　70％～90％＝副主力品項
◎C級　90％以上＝非主力品項

●修正經營軌道的順序
①重新檢討C級品項，減少食材的浪費
②花點心思把B級培養成A級
③使用容易搭配不同菜色的優質食材，更加提高點餐頻率

是C級（非主力品項）。

修正營運軌道時，先檢討非主力品項，並減少食材的浪費。然後再花點心思把副主力品項培養成A級。接著再精進主力品項以提高點餐頻率，或採買容易搭配不同菜色的優質食材等等。

不過，**營收大的品項未必能帶來較多利潤**。所以建議另外製作一張清單，從利潤率高的品項依序排列。

沒賺頭的品項可以限定數量販售，或是乾脆考慮看看要不要停售。

尋找租金符合營收的店面時的重點

從營收目標推算店租，找到具備該有的條件並且讓客人好利用的店面

> 尋找店面時很容易會因為衝動下決定而掉入陷阱，導致超出預算。先掌握好挑選店面時的重點吧！

衡量房租行情
慎選店面

尋找開店的店面時一定要先注意的一點是，不要因為看中漂亮的外觀而匆促決定，導致超出預算。

就一般的行情而言，餐飲店的店租要占一個月營收的10％以下。

假設店租為 10 萬日圓的話，需要的單月營收就是 100 萬日圓。一個月的營業日以二十五天計算，一天所需的營收就是 4 萬日圓。請參考左頁的計算公式，檢視看看店租是否符合營收。

不管是多理想的店面，要是付不出房租，咖啡店就無法經營下去。雖然依地區和地段，房租的行情也有所不同，但這都會關乎集客數、客單價、菜單設計和價格設定，因此要多加注意。

還有，挑選店面開店時，也要留意客人是否方便利用。

以立食蕎麥麵連鎖店「富士蕎麥麵」的展店策略為參考例來說，其開店條件是要開在主要客層——即上班族較多的地段。而且，經常選擇在車站旁轉角處、門面寬的店面，相當重視能否引起路人「想快快吃一碗蕎麥麵」的衝動，並趁這個念頭尚未消失前就讓客人踏入店內。

看似無所事事走在路上的人其實也有某種目的。選擇的店面是否能符合客人的利用動機，請多審慎評估。

另外，也有人會刻意選在遠離鬧區或是市中心的地方開店。不過如果咖啡店沒有一定程度的吸引力的話，客人是不會願意專程遠道而來的。前提是店面要具備讓路人容易上門的動線。

進入店面看房子也不要匆促下決定

確認好店面的面積、地段、到車站的距離、周遭環境、樓層等各種條件後，便可以與房仲商量，請對方介紹適合的房子或去看看房子內部。

不過，假使找到還不錯的店面，房仲業務員有可能會說「有其他人也想租」、「要租的話就趁現在」之類的話，要特別留意。因為「不想被人搶先」的想法很容易會令人一時心急。

有的人很快就找到店面，店面是否能符合客人的利用動

❶ 判斷該店面的店租與營收是否相符合

條 件
檢驗面積8坪、房租8萬日圓（含管理費、公設維護費1萬日圓）的店面A。

● **座位數**
（餐飲店的話，以1坪〈約3.3㎡〉設1.5席為基準）
1.5席 × 8坪 = 12席

● **客單價與翻桌率**
從人潮、鄰近餐飲店的客層或營業狀態，推估客單價和翻桌率，審視自家咖啡店的收支計畫。
座位數：12席　客單價：1,500日圓　翻桌率：1.5次　營業天數：30天

● **營收**
1,500日圓×12席×1.5次×30天＝81萬日圓

● **確認收支計畫是否與該店面相符**
相對於81萬日圓的營收，店租的比率在10%以下較為理想。
營收的10%＝8.1萬日圓 ≧ 店面A的店租＝8萬日圓

判 定　8坪面積、能確保12席座位、房租8萬日圓的店面A可列入考慮。

事先查查該地區的房租行情，以1坪的行情乘上店面面積為參考的基準。不過，就算在同個地區內，只要稍微遠離市區房租可能就會有所變動。若房租比行情高，可以試探看看有沒有交涉的餘地。

但也有人花了一年以上的時間才找到。而**時間拖得愈長，愈容易會有只看到優點的傾向。**

一旦簽約後才發現缺點也已經太遲了，所以做出最後的決定之前，最好把優缺點都寫下來謹慎思量。

在開店之前，**若沒注意到本都市計畫法規定的用途地區，就租下店面，可能會變成受規制的對象。**

例如，在「第二種低層住宅專用地區」雖然准許開設兩樓以下、地板面積150平方公尺以下的小店，但可能會發生餐飲店不受鄰近居民歡迎，或是因客人臨時停車、抽油煙機排氣等問題引來抗議。

最好避開以前曾是餐飲店但和鄰居有過糾紛的店面。

地段與目標客層
是否相符很重要

了解開店地區和商圈的特性，
事先調查、分析
是否有目標客層存在

要在符合核心概念的優良地段開店，事前查資料分析商圈也很重要。共通點是「了解顧客」。

自己住家周邊的地區較容易找到中意的店面

想找到合適的店面，首先應該先查探自己住家附近的地區。步行或騎腳踏車、搭電車的利用範圍大約是2～3個車站。自家到最近的車站之間如果有商業設施聚集的地方，應該會比較清楚該區是以什麼樣的客層為主，又或者早上和晚上的環境有什麼不同。如此一來對哪些人能成為目標客層、會成為回流客的人多不多也會

比較有概念。

除此之外，選在自家周邊的好處還有一點，就是容易藉由貼在外面的出租告示發現空的店面。這樣一來就能在房屋仲介散布店面資訊之前，先一步搶得先機。

既然都要開咖啡店了，應該不會想要像上班一樣搭電車通勤了吧。如果店面離自家有段距離，更要謹慎檢視在該地開店是否妥當。

刻意選在競爭店家附近開店的好處

不限於餐飲店，若是一個地區有許多核心概念相似的店的地段，就能推測這些店的目標客層相近，所以也有著方便集客的優點。連鎖的速食店或便利商店就經常採用這個手法來展店。

分析資料驗證開店地區的特性

不過，日高屋的這種做法只適用於黃金地段。要在離黃

的店面。這種一來就能在房屋仲介散布店面資訊之前，先一步的餐點價格也比一般中式餐廳

吧。其展店策略是刻意選在「麥當勞」、「吉野家」等**競爭對手的附近開店**。「日高屋」的營業時間比這些擁有許多固定客的連鎖店還長，提供

而且，麥當勞和吉野家在展店前都會對地段條件進行嚴謹的調查。他們會參考進出車站的人數、人潮、店租行情等資訊，評估該不該在此開店，所以可以放心。

在開新的店面時，日高屋就不用再花時間、精力調查展店的地段，等於節省了初期投資，這麼做也避免了不必要的失敗。

以中式料理連鎖餐廳「日高屋」的展店策略為例來說明

金地段稍遠的地方開店時，就

❶ 分析商圈資訊的主要重點

戶數・戶口人數	戶口人數的算式是「總人口÷戶數」。戶口人數低的話，表示單身住戶多，戶口人數高的話，即可得知大多是家庭客層住在這裡。（國勢調查或住宅・土地統計調查）
年齡別人口・所得	根據「年齡別人口」的統計，可推估各商圈裡有多少人可能成為目標客層，當作基準。而「所得」統計可得知商圈內的居民所得是高或低。（家計調查）
人口增減率	檢視地區人口是增加還是減少，也是判斷該地區是否適合開店的依據之一。人口增加率的算式是「（當時人口－之前人口）÷之前人口×100」，可掌握街區的動向。（人口動態調查）
白天夜間人口比率	算式是「（白天人口÷夜間人口）×100」。夜間人口是指調查時定居於該地區的人口。白天夜間人口比率的數值超過100的話，表示流入人口比流出人口多，白天有很多人聚集在此地區。反之，比率未達100的話，表示有很多人為了通勤通學離開此地區。（國勢調查）
家計項目別支出	可以得知每一戶一整年的支出都用在哪裡，以及各項目的價格等。例如，2014～2016年的外食費中，用於「下午茶」的支出項目中，岐阜市為全日本第一名（15,018日圓），第二名是名古屋市（12,945日圓）。（全國消費實態調查）

日本可以多活用免費的政府統計綜合窗口「e-Stat」（http://www.e-stat.go.jp/）查詢統計資料。或利用地方政府的統計資料。
台灣可上中華民國統計資訊網（https://www.stat.gov.tw/mp.asp?mp=4）查詢相關資料。

必須先釐清該地區有什麼樣的客群、是從哪裡來、如何來店裡的。

評估開店的地段時，要留意到「**商圈**」的觀點。所謂「商圈」是指目標客層能來店的移動範圍。就咖啡店而言，一般需要具有距離店面300～500公尺內、人口5000～5000人的規模，也就是說只要把商圈當成自己的生意足以成立的地段就行了。

如果找不到符合開店條件的地段，又或是猶豫不知道該找仲介公司商量哪個地區的店面資訊時，不妨照上圖調查幾個重點，事先了解有什麼樣的潛在顧客。

租賃契約相關的各種費用
與契約的注意事項

承租店面時
要先確認特有的基本規則
如保證金、契約條件等

> 契約條件的內容隨店面而異，為了避免承租了才後悔，要事先確認有沒有不利的條件。

展現身為店面經營者的可信度

尋找店面時，若是能和房屋仲介建立良好的關係是再好不過。有了能隨時商量的交情後，對方就會主動介紹條件好的店面，或是告知該地區的資訊，順利進展到簽約的階段。

簽約時，**房屋仲介業者最在意的就是承租人能不能按時繳房租**。這時最好拿出創業計畫書，說明確實能預見收益的前瞻性。

確認實際房租費和開始算房租的日期

到了找店面的階段時，記得要先行確認實際的房租是多少錢。就算店面的出租廣告上寫「1坪○萬日圓」，事實上還必須要加上各種名目的費用。**實際的房租意指包含保證金的利息與公設維護費等全部加總起來的金額**，所以請各位要多加留意。

此外，隨不同店面而異，可能還必須支付房租以外的費

另外，房仲也許會問及店裡的客層是否適合周遭的居家環境。例如，在幽靜的住宅區開一家提供酒類的店的話，房仲可能會擔心來店裡的客人是否會在店外喧嘩。

這時，面對房仲業者，要展現身為經營者應有的道德和操守，表現出會顧慮周圍環境的態度。

確認實際房租費和開始算房租的日期

到了找店面的階段時，記得要先行確認實際的房租是多少錢。就算店面的出租廣告上寫「1坪○萬日圓」，事實上還必須要加上各種名目的費用。

店面內部的裝潢施工費，也有分承租人負擔或房東負擔的部分，一樣要先確認過。

注意保證金和其他各種費用

店面物件的保證金一般是6～12個月份的房租，金額相當高。等於營運資金必須為了支付這筆費用而減少，不妨交涉看看房租能不能多少降價一

用。好比說，由大樓統一管理空調系統或處理垃圾的話，就會要求店家繳交相關費用。這些都是每個月的固定成本，所以不要忘了加入房租中計算。

計算好實際房租之後，確認從何時開始支付租金也很重要。是從簽約當天立即開始支付，還是開始施工後才計算，負擔將有所不同。可以的話，盡量延遲比較好，所以請事先詢問。

❶ 檢查店面的每一項費用！

保證金
相當於承租住宅時的押金。基本上於租賃契約結束時將全額退還，但不同房東開出的條件各有不同。保證金通常為6個月的房租，但也有店面要12個月以上。

公設維護費、管理費
管理建築物的公用空間所需要的費用。包含統一空調管理或垃圾處理等費用。不同於承租住宅，這些費用經常直接含在房租裡。

頭期房租
和承租住宅一樣，通常會在前一個月繳交下個月的房租。另外簽約當月的房租因以天數計算，所以當月份（天數）和下個月的房租就稱為頭期房租。

讓渡費
如果是有附之前餐飲店裝潢設備的店面，往往要多付這筆費用。如機器設備、展示櫃、內部裝潢等，若是直接接受頂讓時就要付費。也可透過交涉殺價。

禮金
現在，在日本租住宅逐漸有些物件不用付禮金，連出租攤位的禮金也有慢慢減少的傾向。禮金的基本行情通常是1個月份的房租。

續約費
續約時所需的費用。一般是1個月份的房租。因為是兩、三年後必要的費用，別忘了先確認清楚。

房屋仲介費
付給房屋仲介的手續費。通常行情是1個月份的房租，但如果你向來都是利用同一家房仲公司的話，很可能可以打折。

不只是透過房屋仲介時，跟房東直接交涉時，建議也不要過度殺價。因為有可能反而被懷疑「是不是資金不足？」，切記適當地請求就好。

點。尤其是長期找不到人租的店面，就有降價的機會。

至於簽約時的注意事項有哪些？例如合約中有記載「保證金償還年率3％」的項目的話，表示每年有3％的保證金會變成房東的收入，保證金的餘額將逐年減少。

而且到了換約時，通常要由承租人補上減少的保證金。事前要好好確認合約內容，自己也能接受之後再蓋章。其他還可能產生如上圖所列舉的費用，一定要檢查看看。

找店面的分歧點——
附裝潢設備還是空屋？

附裝潢設備的店面好，還是空屋好？
考量成本、設備、施工期間等
從綜合的觀點來選擇

店面選擇較多的附裝潢店面，不要只看優點，也要注意缺點。選擇空屋時也有要注意的地方。

附裝潢店面的注意事項

開店用的物件依狀態可以分成兩大類。其一稱為「附裝潢店面」，是指以前的店面裝潢、陳設、廚房設備等還留著的狀態。

如果承租的是附裝潢的店面的話，優點是只要能有效活用既有設備，就可以節省裝潢費，縮短開幕前的準備期間。因為只要簽約承租後，就會開始產生房租，所以開店之前的準備期愈短，就愈能減少初期投資的成本。

但是，以前的店面陳設或裝潢，可能跟自己腦中所想的樣子有所出入。這種時候，必須事前向房仲公司確認可以改裝到什麼地步。

尤其若店面是一般住宅的話，地板的耐重度和防火設施也可能是問題，所以一定要先確認過才行。

設備有還能使用的和必須拆除的

業務用的廚房設備和空調等價格不斐，若能使用之前留下來的設備，即可節省初期投資的成本。

不過，通常會產生一筆頂讓內部裝潢或設備的「裝潢讓渡費」。這種時候，縮減成本的優點不僅被打了折扣，**一旦過了保固期，可能還得花費維護**費，或是電費等營運成本變高，這些都是缺點。

而且，隨之前經營的業態而異，有時會留下沒有用的廚房設備，反而無法保持動線的順暢。

如果最後決定拆除不能用的設備重做的話，經常要額外花一筆拆除費用。

另外，也要注意看不到的地方。像是瓦斯或供電電量是否足夠？排水是否順暢？**特別容易忘記檢查的是店內的換氣是否暢通**。如果空氣不流通的話，店裡容易殘留味道。

要承租附裝潢的店面時，不要自己一個人下決定，請委託改裝工程的施工專家一起去看，一一確認並尋求意見比較妥當。

有預算的話空屋可照自己的意思設計

另一種類型的物件稱為

● 附裝潢店面的優點&缺點

優點
◎留下的設備若還能使用，可減少改裝費用，也能縮短準備開店的期間。
◎簽約確定承租之後，就會開始產生房租，因此開店前的準備期愈短愈能減少初期投資的成本。

缺點
◎前一個店面的陳設或裝潢往往不是自己想要的樣子。
◎可能留下不需要的廚房設備，影響動線的順暢。
◎若要拆除不能用的設備再做新的，可能還得額外花一筆拆除費。

「CAFERISTA」（第62頁）利用的是原本也是咖啡店的店面，幾乎直接沿用櫃台。部分地方呈現的手作感與店內的風格很搭調。

● 空屋的優點&缺點

優點
◎可以按照自己所想的樣子呈現店面。不過，包括店鋪的陳設和設計全都必須從頭做起，因此需要較多材料費、施工費，也更花時間和心血。

缺點
◎工程延宕的話將導致開幕的時間延遲，產生不必要的房租。
◎必須確認水電的管線配置是否符合咖啡店的營業需求。
◎退租時可能需要再花一筆拆除裝潢的施工費。

「AMBER DROP COFFEE ROASTERS」（第28頁）的店面原本是印章店。委託擅長設計店面的公司從空屋狀態開始施工。

「空屋」，也就是指牆壁、地板、天花板、管線等都露出的狀態。連空調和廚房設備也全都撤除，因此店面的陳設與裝潢設計全都要從頭開始。雖然需要花較多施工費用和時間，但能依照自己所想的樣子呈現店面是一大優點。

不過，水電的管線配置可能還是跟原本的一樣，要確認看看是否符合咖啡店的營業所需。此外，**退租時可能還要再花一筆拆除費用以恢復原狀**，所以最好先確認一下。

Question 問與答
為人生風險做準備

自己開店與上班族不同，沒有後盾的自營業者或一人公司老闆只能靠自己保護自己。為疾病和老年生活做好萬全準備，全力投入經營吧！

Q1 擔心將來不知能領多少年金。是否應該法人化，加入厚生勞動省的年金制度？

A 厚生年金包含了所有人都參加的國民年金，所以只有法人能加入（員工超過5名以上的話，個人事業也有加入的義務，但事業主本身無法加入）。

一般而言，加入厚生年金的話，將來能領的年金金額會變多，但相對地要付的保險費也會增加。原因在於，相較於國民年金保險費不管收入或所得多少都是繳一定的額度，厚生年金的保險費則會隨收入增加。

只繳國民年金會感到不安的話，還有一個方法是加入國民年金的加成年金「國民年金基金」。繳費到60歲，65歲開始發放年金。

支付的保險費全都可以從所得中扣除，所以也有所得稅和住民稅減少的優點。相反的，缺點是不會因應物價的變動而調整年金的發放金額。

Q2 自營業者也能申請房貸嗎？聽說連名人也被拒絕……。

A 若是小公司的經營者或自營業者的話，有不少金融機構會以近三期（三年間）的報稅申報書有盈餘為條件。

因此，數年內有購屋計畫的人，請避免為了節稅而將財報結算弄成赤字（因前述的條件，開店之後的三年內是無法通過審核的。現在還在公司上班的人最好先申請好房貸再離職，這麼做可說是比較明智的選擇）。

另外，對自營業者的審核基準最寬鬆的房貸方案是「Flat 35」。要提交三期份的報稅申報書這一點相同，不過只要最近一期有盈餘就

沒有問題。而且，原則上就算因為經營事業有向他處貸款融資也不影響審核，利息也是一般標準，不妨當作選項之一考慮看看。

Q3 我很憂心小孩的教育費。有能夠利用的獎助學金以備不時之需嗎？

A 若是日本學生支援機構的貸款型獎助學金，只要維持家計者（父母等）的所得金額低於標準以下即可利用（例如一家三口的自營業者，小孩從自家去私立學校上課的話，所得上限為336萬日圓）。

現在的時代，日本有50%以上的大學生（日本學生支援機構調查）都利用著某種獎助學金上學。但值得注意的是，債務人不是父母，而是小孩自身。

大學畢業後，約有一成的人一就業，隨即遲繳獎助學金的貸款。連續三個月遲繳的話，就會被列入黑名單，將來無法申請房貸。

不想讓小孩將來承擔這樣的風險的話，就利用學貸吧。公家（日本政策金融公庫）學貸的話，每一位小孩的融資最高額為350萬日圓，年利率1.76%（2018年2月當時）（有所得限制）。

Q4 個人事業主也有可以累積退休金的制度嗎？

A 公司的經營者和個人事業主在歇業或退休時，也能依先前累積的繳費領取給付金。

可以設定每月繳 1,000日圓～7萬日圓的範圍。若繳納月數不滿二十年的話，會被扣除部分本金，但每年報稅時能扣除繳納的金額，所以具有減少所得稅的好處。

此外，雖然不同於原本的目的，但「經營安全共濟（中小企業倒閉防止共濟）」也有同樣的制度可利用。只要繳40個月以上就能保證領回全額保費。

※此頁為日本的情形。

第4章

設計具有特色的店面

該如何想出一個只有咖啡店才有的店面設計？
先掌握基本的重點，打造出讓第一次上門的客人
能輕鬆進入的舒適空間，以及好用的店面設計。

如何想出迷人的店面設計

打造出讓人敢放心入內、
待起來輕鬆舒適
還想再來第二次的咖啡店空間

想以店面來呈現你的核心概念時，首先要有吸引人目光的門面。要打造成什麼樣的設計，請連同店內裝潢一起好好思量。

未能把個性傳達給對方再有獨創性也沒意義

打造咖啡店的店面時，比起時尚感，更重要的是要讓客人能在瞬間理解這是什麼店。然後，應該要避免過於個人主觀。雖然表現出店面的個性很重要，但若不能傳達給對方就沒有意義了。而且，就算位於再好的地段，若無法成功吸引客人上門的話，等於白白錯失了機會。

坊間一些連鎖咖啡店之所以有許多人利用，是因為看到熟悉的門面就外觀。客人知道不會發生踩到地雷的情況，所以能安心入店。

就像這樣，以門面外觀一目了然地呈現核心概念是最重要的事情。

以門面外觀呈現概念時，應該要注意以下3個重點：

①讓人一眼就能看出業態

首先要讓人能輕易看出這是一家咖啡店。即使只是讓看到店的人稍加疑惑，都可能會造成損失。

②讓人知道核心概念

這間店是迎合什麼樣的客層、什麼樣喜好的人？讓人了解這一點，才能夠引起客人的興趣。

③讓人知道菜單內容

除了價格和內容，有沒有提供想吃的餐點？讓客人享受從菜單中挑選的樂趣，更能增加客人的期待感。

目了然地呈現核心概念

就像這樣，也可以將吸引客人的門面當作廣告宣傳的工具，門面可說是很值得花成本投資的部分。

例如，採用整面玻璃窗、可以窺見店內的咖啡店，比起從店外看不到裡面的咖啡店更能讓客人安心，而且概念明確的店是什麼樣的人經營的，這點也令人好奇。

將店內打造成讓客人感到舒適的空間

星巴克在世界各地積極致力於店面設計，甚至改造日本傳統家屋之類，沒有一家分店採用相同的設計。據說這是為了配合各地目標客層的年齡層、職業和生活環境，而改變店內的裝潢設計。

像這樣事先為客人的感受設想是很重要的。店內的裝潢和設計所醞釀出來的氛圍也能襯托美味的咖啡與餐點。請以

● 吸引路人目光的門面範例

整面玻璃的門面讓人放心入內

「AMBER DROP」（第28頁）位在購物者眾多的地區，故意設計成可從店外看到咖啡豆陳列於櫃台上的陳設。

熊的商標很引人注目

「HIGUMA Doughnuts」（第42頁）的商標一如店名，以北海道的棕熊為意象。許多客人會驚呼「好可愛！」連商標一起入鏡拍攝店面的外觀。

● 充滿魅力的內部裝潢範例

讓所有人感到放鬆的空間

室內裝潢與裝飾佈置以手作品為主的「Nemaru Cafe」（第36頁），還有用老闆媽媽親手編織的布做成的坐墊等。

樓梯營造出興奮感

從「NOZY COFFEE」（第54頁）的門口進入後，設計成要走下樓梯點餐，讓人對美味咖啡的期待感隨之高漲。

打造出**能讓客人舒適度過時光的空間**為考量。

舉例來說，想要呈現摩登的氣氛的話，可以用未上漆的水泥牆搭配刻意做出中古感的桌子和鐵製的椅子。或者讓咖啡師成為主角，其他設施像是要圍住他般，打造出以櫃台為中心的店內等等。

另外，店面設計也與室內的日照光線、沉穩的燈光、有趣的擺設或書籍、音樂等息息相關。一定要確認這些要素是否能自然地和咖啡店的空間融合在一起。

以客人的立場親身走訪街上的人氣店家，好好以五感去體驗可說是最好的方法。

室內裝潢與陳設
以人的「動線」為優先

服務與舒適度的關鍵
是從調理的作業順序和動線
規劃良好的陳設

> 店內陳設的基本原則，是考慮作業的效率與行動的便利性。順暢的動線是室內陳設的關鍵。

在廚房的陳設上花點巧思
於最短時間內供餐

小咖啡店大多沒有寬敞的空間，所以在陳設的方法上有幾個重點。

首先，**從菜單的種類決定**廚房空間。

廚房機器，配合機器大小分配廚房空間。

將最低限度的必要儲存空間和廁所空間設定在最小後，剩下的空間當作客人的座位，這種做法比較實際。

並且，決定陳設時必須要

為了要能在最短的時間內供餐，必須先確認菜單和調理時間，評估所有的配置，包括從儲藏食材的地方取出食材，到調理、擺盤的整個作業流程是否順暢。

菜單可分為事前先調理好只要盛裝即可上菜的品項、需要認真調理的餐點品項，以及飲品類品項，所以要思考加熱調理、非加熱調理和調製飲料之間的作業動線。

而且，為了不讓各個動線交錯，要一邊考量作業的效率

考慮動線──也就是必須要考**量客人和工作人員動作或移動時的流暢度**。

尤其廚房的陳設是決定點餐到出餐的作業是否有效率的一大關鍵。不僅要設置數個大型設備，跟排水設施和瓦斯管線也有關係。一旦裝設後要再更動就很困難了，所以請多加注意。

此外還要加上工作人員在這裡上菜、端飲料、收餐具的動線，最理想的情況是設計出**即使客人和工作人員雙方的動線交錯，也能順利移動或動作的陳設**。

一邊試著模擬看看冰箱、瓦斯爐、水槽、流理台、櫃子等配置的位置。

座位區要考慮客人和工作人員的動線

座位區要模擬從入口到座位，或是從座位到廁所、櫃台、出口這些客人的動線，好好考量。

另外，設置走道的空間時，至少要預留70～80公分的寬度。若想營造悠閒放鬆的氣氛，還可以再寬一點，讓座位之間保持適當距離，或是也可以花點巧思用隔板將座位區隔開來。

還有，走道也可能變成客

如何構思出動線順暢的陳設方式

廚房

基本的動線是：①從冰箱或儲藏庫拿出食材。②在流理台上切菜。③加熱處理。④裝盤的4個步驟。配合菜單的組成內容多演練幾次流程，確保沒有多餘的動作，把必要的廚房機器放在好操作的位置。

注意！

「CAFERISTA」將工作台設置在廚房中央，可以看清楚店內狀況。

櫃台

面對著櫃台，打造出一體成型的水槽和工作台，工作時不用背對客人，也比較容易看到座位區的狀況。而且作業的同時能和客人聊天，增加互動的機會也是優點之一。

注意！

「Perch」降低櫃台的高度，方便與客人互動。

座位

客人的動線會和工作人員服務的動線交錯，所以要思考讓雙方都方便的陳列方式。可從兩個方向出入廚房到座位是最理想的。此外，廚房與座位的面積比例保持在1：2左右較為適當。

走道

由於廁所大多設置在從座位看不到的地方或店裡頭，客人會頻繁地在走道上來來去去。客人坐在椅子上，還要確保椅子後方有足夠的空間讓去廁所的客人能順暢通過。

人放包包或外套的地方，所以要事先預想好是要在牆上設置掛勾，或是在地上放籃子，把空間設計得稍微寬敞一點。

如果是只有櫃台沒有內用區的外帶專賣店的話，工作人員不太會到座位區，因此比較不用擔心動線。

但相對的，如何將狹窄的廚房陳設得井然有序就是重點了。這一點受採用的廚房機器的配置所影響，因此購買廚房機器時要慎重思量。

廚房設備與用品，好用最重要！

這些一定要準備好！
挑選必要的設備和用品
有什麼訣竅？

為廚房、座位、收納空間等備齊最低限度的必要設備和用品，依據個人要求，評估需要哪些調理器具和餐具。

全自動濃縮咖啡機
重視外觀設計和機能性

對於有提供濃縮咖啡的咖啡店來說，咖啡機是營業的好幫手。

咖啡師俐落地操作櫃台上大型濃縮咖啡機的樣子，總是能吸引來到咖啡店裡的客人的目光。

而且，一杯美味的濃縮咖啡，重點在於它的味道、香氣、Crema（即漂浮在咖啡表面的細緻泡沫），所以請慎留意。

選擇的重點，**除了設計性之外，還要好操作，不容易故障**。當機器發生故障時，有些廠商能二十四小時配合維修。

另外，不管選擇多昂貴的咖啡機，如果都是一些用不到的功能也等於是浪費，請多加

選機種。

國內外有各式各樣濃縮咖啡機的廠牌，挑選時特別要注意的是絕不能妥協的設計性和機能性。比方說，義大利製的「la marzocco」能沖泡出風味絕佳的濃縮咖啡，受到世界各地支持者的高度信賴，但是有的機種價格高達200～300萬日圓以上，端看個人預算的多寡。

當然，也有小型且功能簡單的機種，價格甚至可到10萬日圓以下，請依預算、店面規模和供應的咖啡來選擇適當的濃縮咖啡機。

以家用設備替代
廚房機器的活用法

廚房使用的大型設備或用品，不僅需要設置的空間，也要花費較多資金。調理時必要的設備，一般最常見的是雙槽式水槽等洗淨設備、瓦斯爐和工作台。

同時，還需要有保管食材用的冷藏、冷凍冰箱和製冰機等。如果是自家烘豆的咖啡店，別忘了還要預留存放咖啡豆的空間才行。

若廚房的面積不大，也可以用家用的二口瓦斯爐因應。這種時候必須在調理方法上花點巧思，例如咖哩等燉煮料理只需要在店裡重新加熱，義大利麵可以事先剪短、煮得較硬備用，之後和醬汁一起拌炒即可完成。

如果能因應菜單需要，冷藏、冷凍的冰箱使用家用機型

❶ 挑選設備機器的重點

洗淨設備

一般會使用不銹鋼的業務用水槽。請先向轄區內的衛生所洽詢食品衛生法規範的營業許可基準。通常會要求要有兩個以上的水槽，或是對水槽的深度等有詳細的規定。

咖啡機

全自動濃縮咖啡機能穩定地萃取咖啡，對著重餐點的店家來說是強力的好幫手。最好選擇性能佳、好操作、易維修的機種，也有可沖泡濃縮咖啡和滴濾咖啡的兩用型。

瓦斯爐

依店裡提供的菜色的調理作業評估需要幾個爐口。只有爐架的形狀、在中式餐廳常見的那種鑄鐵爐具約數千日圓起跳。也有許多咖啡店是事先花點工夫備好料，之後再以家用瓦斯爐烹調。

烤箱・微波爐

加熱烹調食物時，比起必須寸步不離的瓦斯爐，使用烤箱就能同時進行好幾個作業。使用家用瓦斯爐的話，可以利用微波爐加熱或增加焦色，比較有效率。

工作台

市面上大多是高80～85cm的尺寸，一般而言以使用者的身高÷2＋5cm較為理想。雖然不少人會因客人看不到廚房機器而選購中古貨，但也要注意常有少了附屬零件或生鏽的問題。

淨水器

有桌上型以及裝置在水槽底下的類型。過濾掉氯化鈣和氯的水能襯托咖啡或紅茶的滋味，所以建議選用能供水到咖啡機或製冰機的機種。

冷凍冷藏用冰箱

想使用家用型冰箱的話，要先測量尺寸是否合乎廚房空間，並另外準備冰箱內的溫度計。業務用的冰箱也有高度較低的矮櫃型，上面能當作工作台使用。若是用來冷藏飲料可考慮使用保冷櫃。

餐具櫃

依據日本食品衛生法的規定，一般都會要求餐飲店的餐具櫃要附門板或拉門。無門板的櫃子可以當成暫時的保管櫃，但設置的高度有規定基準。將餐具櫃當成擺設的傢俱時，也要採取安全措施防止地震時傾倒。

也沒問題，不過若是選擇業務用的矮櫃型冰箱，上面就能當成工作台使用，也可以節省廚房空間。

陳列販售用咖啡豆的架子或櫃台，可於委託業者設計店面之際裝設在牆壁上，或當成一種展示設置在醒目的地方，營造出咖啡店的氣氛。

此外，依據日本食品衛生法的規定，要注意餐具櫃和保管調理器具的櫃子，一定要有可關閉的門板才行。

店面設計委託
餐飲店經驗豐富的業者處理

掌握店面設計與
施工的流程、重點
聰明節省成本！

店面設計與施工是
左右咖啡店成敗的
重要過程。妥善縮
減成本的同時，也
要聰明借重業者的
專業。

選擇擅長設計店面的業者
告知具體的計畫

最好選擇專門設計餐飲店的裝潢公司來動工。包括廚房設備、座位的配置、保管資材和用品的倉庫、員工空間的面積等外行人難以判斷的部分，都能從他們累積的經驗中獲得專業的建議。

如果有看到喜歡的店面裝潢，也可以請老闆介紹委託施工的業者。

若是從網路上搜尋的話，店面之前先請施工公司的人看

專業的建議。

具體的數字都是必要的。

順帶一提，**估價時不妨向業者報出整體預算八成左右的金額，如此一來當產生追加施工等情況時，手頭上還能有一點餘裕。**

估價的金額會隨著店面是有附設備裝潢或空屋狀態、管線是否必須重做而有很大的差異，可能的話，在簽約承租預算的事態。

具體、詳細地傳達你店裡的核心概念。

說到咖啡店的概念，一般人很容易會著重於餐點的外觀和室內擺飾上，但其實不只是店內的氣氛或目標客層，菜單的種類、座位數、預設的營業額、工程的預算與施工日期等

請業者估價時，應該盡量告知具體的計畫。

估價單要列出細項
也要檢查合約上的工程期

多請幾家設計裝潢公司業者估價，就能大概知道行情，減少不必要的支出。

估價單不能只寫「〇〇工程」的總金額是多少，要請對方**列出工程期間、工人人數、材料費和廚房設備費用等細項。**事前了解什麼工程需要多少金額的話，可以避免產生不必要的追加工程，造成超出

可以實際走訪施工業者負責過的店面，向老闆或店長確認施工業者的應對如何，或是有無發生紛爭。

尤其廚房設備是施工時的一大重點，例如抽風機和排氣管要安裝在什麼地方？需要什麼樣的廚房設備？能夠在確保其尺寸與優良動線的情況下裝設嗎？使用的電量、瓦斯量及水管的配置等等，這些都要借重專家的知識來決定。

看，確認該店面是否能在預算內完工。

委託業者為店面設計施工時的注意事項

費用

先釐清要用於店面設計、施工的預算。估價單也要請對方盡可能詳細列出細項,與對方討論看看超出預算的部分要如何降低成本(一部分用DIY的方式或是降低建材等級等)。

概念

如果不弄清楚想要打造出什麼樣的店面,會導致混亂的局面。請盡量把自己的想法具體地傳達給業者。在委託業者施工前,要先確定咖啡店的核心概念、設計的方向性以及大致的空間規劃。

設備機器

依據菜單的種類和數量、預測的營業額等,列出哪些是開店必須的機器設備。同時,還要確認設置在廚房時所需的空間和形狀,以及電量、瓦斯、管線是否足以因應需求。

縮減成本的技巧

可以承租附裝潢的店面,或利用二手用品來縮減成本。不過,要注意太舊的物品可能不好用,或是需要多花一筆高額的維修費。利用二手用品時,也要好好確認有沒有保固期或售後服務等。

然後,在和業者簽約時還要注意工期。因人手不足或資材的調度延遲導致工期延宕,趕不及預定的開幕日之類,有時也會發生這種糾紛。

通常,延遲兩～三天都還可以說是在誤差範圍內,但如果超出一星期以上,不僅少了這段期間的營業收入,還得白白繳交房租。

所以,一定要檢查合約上有沒有明確記載「交期」,以及如果業者施工趕不及交期,必須支付多少違約金,也要有具體的數字。

縮減施工費的 DIY流程

為了避免因為自己動手做
DIY而失敗
先掌握好基本的重點

> 不僅能節省成本，還可以依自己的想法打造裝潢是DIY特有的魅力。先來了解自己能做到的範圍有哪些吧！

靠ＤＩＹ能裝潢到什麼程度？

店內牆壁或天花板的塗漆等，就算無法做得像專家那麼漂亮，也往往能呈現像這家店獨有的味道。自己動手ＤＩＹ進行室內裝潢工程，也能成為一種個性。

而且剛開幕時，固定客人還不多，所以在營收穩定前要預估較多的營運資金。

要想彌補初期所需要的資金，只要靠ＤＩＹ就可以減少材料費、人事費等成本，也能讓自己對咖啡店更有感情。

那麼，實際上要自己進行ＤＩＹ的話，該如何進行呢？首先，請先不要管能不能自己動手裝潢到什麼程度，請和室內裝潢公司討論看看，列出工程的詳細內容。

配電、瓦斯管線的工程不能自己做，所以請業者區分出應委請專家來做和可以自己做的部分，提出估價單。知道要付給業者多少金額的差額內準，就可以在自備資金的預算後，提出估價單。

舉例來說，比較容易自己ＤＩＹ應付的部分，有以下幾項重點：

● 廚房內的牆壁塗漆（貼壁紙）

家飾中心意外地有幫助可以多加活用

先只塗座位區看不到的廚房內部牆壁，檢驗看看能不能如自己所想般塗得好。

ＤＩＹ的材料可以到家飾中心購買，相當方便。不管是要為牆壁塗油漆還是貼壁

● 座位區的牆壁塗漆

確認過廚房的塗漆成果後，接下來塗客人會看到的座位區。雖然手作感也能成為一種魅力，但還是要特別留意完成的樣子。

● 天花板的塗漆

隨店面狀況而異，有的天花板會有細微的凹凸，壁紙可能無法貼得漂亮，或是有可能脫落，所以也要假定天花板的塗漆。

除了這些以外，一般能做的還有把新冰箱搬進廚房內或改變陳設等。

機器設備的搬運費能省則省，但大型冰箱之類的設備通常無法一個人搬運，最好還是叫朋友來幫忙。

⬤ 開始著手DIY之前的流程

1

列出工程內容

聯絡室內裝潢公司，討論改裝或工程的內容。在此之前，先把店面的平面圖等資料準備好，才能具體表達什麼地方想做成什麼樣子。可以事先剪貼蒐集幾種中意的裝潢案例或型錄。

2

請業者估價

在討論的階段就要告知業者預定開幕的時間，並確認自己預估的預算是否能完成工程。可以事先請幾家裝潢公司來估價，當費用無法折衷時，找其他裝潢公司商量看看。

3

委託業者施工

評估工程費的同時，要分清楚委託業者施工的部分和自己能做的部分。特別要注意基礎工程的部分，有用水的區域容易發生漏水等問題，所以就安全的層面而言，還是交給專家處理比較放心。配電和瓦斯管線的工程也要有施工執照才能進行。

4

開始DIY

不見得能全部靠自己完成，所以還是先問問看朋友能不能來幫忙。最重要的是千萬不要疏忽施工的安全，同時也別忘了外行人做不熟練的工程可能會延誤開幕的時間。

紙，賣場都有放置使用說明的文宣或DVD，也可以看影片進行確認，請參考看看。

而且，家飾中心還有一個好處是現場有實際塗好油漆的木材樣品等，比較容易想像出塗漆完成後的樣子。

有的家飾中心內也有可租借輕型卡車的地方，方便客人載運較大的物品。甚至有時會突然想到施工前沒想到的點子，覺得「這裡這樣做比較好」時就能馬上付諸行動，所以不妨多加活用家飾中心。

在自己能做的範圍內挑戰DIY固然很好，但若是**工程延宕就得白白繳房租**，所以一定要事先做好詳盡的規劃。

Question 問與答
咖啡店的會計

光是提供美味的餐點，無法成為一間成功的咖啡店。
隨著經營狀況不同，適時改變服務內容等，盡早採取對策是相當重要的。
為此，一定要先確實掌握金錢的流向，而此時會計就扮演著重要的角色。

Q1 「會計」有那麼重要嗎？

A 對於沒有經營經驗的人而言，說到會計，也許只會想到精算經費和計算薪資而已。不過，輕忽會計作業的話，是無法讓店長久經營下去的。

將會計換成家計來說，應該就能明白其重要性。高收入的人如果不會散財，就存不到錢。相反的即使收入少，只要懂得理財，還是有人能夠每個月不斷累積儲蓄。

經營一家店也是一樣。就算營收再多，如果花費大筆營運經費的話，利潤也所剩不多。不要只顧著賺錢，也必須要努力節省不必要的開支。

而且，如同家計有各式各樣的開支，開店也一定要支付水電費、房租、進貨費等等。如果沒有確實掌握好預定的收支，恐怕會發生資金周轉不靈的情況。一旦失去信用，就會難以再進貨，最後只能關門大吉。

會計除了能像這樣掌握「金錢的流向」之外，還有一個重要的功用。那就是「計算稅額」。

以個人經營的情況來說，如下圖所示，除了消費稅以外，其他的稅金全都是以自己的所得為稅額計算基礎。就算收入（營業額）一樣，隨著其中有多少的營運經費和扣除額（因有子女要扶養等因素而能抵稅），所得也會有所不同。

因此，若是輕忽會計遺失收據的話，會導致這部分的所得增加，納稅額也就一併增加。我們經常會說要有「節稅措施」，但其實並沒有什麼特別的對策，只要毫無遺漏地將營運經費都列入就夠了。

不過，倘若缺乏稅務或會計的知識，很難毫無遺漏地計算營運經費。

無論如何，疏忽會計毫無好處可言。平常請多精進這方面的知識。

──── 《日本個人事業主須繳納的5項稅金》 ────

消費稅是針對「營收」，
其他的稅是針對
「所得」課稅

| 消費稅 |
| 窗口 |
| 稅務署 |

只要減少所得，
就會減少納稅額

| 所得 | 扣除額 | 營運經費 |

所得稅	住民稅	事業稅	國民健康保險稅（費）
窗口	窗口	窗口	窗口
稅務署	市區公所	都道府縣稅務所	市區公所

Q2 什麼是「納稅申報書」？

A 納稅申報書是日本國民從每年1月1日～12月31日之間的個人所得（以及復興特別所得稅）算出所得稅金額，申報納稅（或繳納太多所得稅的人申請退稅）的文件。

申報書可以直接到稅務署拿取，也能從國稅廳的網站上下載。一般申報期間為2月16日到3月15日（最後一天是週六、日或國定假日的話，期限到收假為止）。申報後，要在上述期間內繳納稅金。

並且，稅金的繳納書要自己到稅務署或轄區內稅務署底下的金融機構拿取，在金融機構或便利商店繳付（採用匯款方式的人，會在4月中旬自動從指定的金融帳戶扣款）。

要注意遵守申報的期限。就算遲報，五年內還是會受理申報，但若遲繳該繳的稅金，可能會再課徵一筆「滯納稅」和「加算稅」（若是退稅的話則沒有影響）。

此外，有貸款事業資金或房貸的話，必須要提交納稅申報書，因此就這個層面而言，最好還是盡量在期限內申報。

Q3 白色申報和藍色申報，哪一種比較有利？

A 日本的納稅申報書分成白色申報和藍色申報兩種（名稱由來是因為以前以用紙的顏色區分）。即使同屬白色或藍色，還有分個人及法人，內容和提交的文件都大為不同。

先讓我們來看看個人的情形。白色申報書只要附上有如家計簿般簡易的記帳就能完成，但相對地能減免的扣除額也少。

另一方面，藍色申告書會要求依照會計的規則，填寫複式的記帳欄位，相對地會有白色申告書上沒有的扣除額，以及各項節稅的特別措施。

藍色申報書當中，特別吸引人的是65萬日圓的特別扣除額。只要選擇藍色申報，任何人都能扣除65萬日圓的稅額。

以經營事業一年、課稅所得為400萬日圓的情況為例，選擇白色申報的話，就必須以這400萬日圓課徵所得稅，但藍色申報可以無條件地從400萬日圓中再減掉65萬日圓，以335萬日圓課徵所得稅。說得再淺顯一點，光是選擇藍色申報，不管是誰都如同獲得65萬日圓份可報公帳的收據。

要蒐集多達65萬日圓的收據並不容易～假設一次的應酬費是5,000日圓，等同於要報130次應酬的公帳才能達到這個數字。

如此一來，各位應該就能了解比起白色申報有多划算了吧。

前文提過藍色申報書提供了許多節稅措施，但在填寫上較白色申報書困難。話雖如此，但其實只要使用會計軟體，兩者幾乎沒有差別（請參照下一頁的Q5）。因此，選白色申報書可以說沒有半點好處。

不過，在進行藍色申報之前，必須提交「所得稅的藍色申報證明申請書」。提交的期限規定要在1月1日到15日之間，開創個人事業者到3月15日為止；1月16日以後開業的人，則是從開業日起2個月內為止。不論何者只要超出期限的話，當年的納稅申報就是白色申報，要到隔年才能開始改為藍色申報。

另外，法人的話一般會採用藍色申報。節稅措施並不如個人那麼多。但如果連續兩期超出期限申報就會改為白色申報，責罰的色彩較為濃厚。原則上必須提交的文件等與藍色申報無異。

藍色申報
決算書

143

Q4 僱請會計師會比較好嗎？

A 法人的話，除了納稅申報書和財務報表以外，還有不少必須提交的文件，內容上也需要專業知識，所以最好還是請會計師幫忙。

另一方面，個人的話，也有不少人是自己獨力完成平時管帳和納稅申報的作業。只要參考書籍並利用會計軟體，這並非難以跨越的障礙。只要第一年克服了這個關卡，基本上從隔年開始都是重複一樣的作業，負擔會一口氣減輕很多。

假設個人僱請會計師的話，雖然依店裡營收的規模而異，不過每個月顧問費的行情大約是1萬～3萬日圓。此外，納稅申報的費用大多要花15萬～25萬日圓。

而可以委託代辦的程度也隨會計師而異。有些會計師可以委託他輸入收據的資料，也有些會計師以指導平時的管帳為主。因此，也有人只委託會計師協助納稅申報的業務（也有不承辦的會計師）。

如果營利狀況好到需要採取節稅措施，那就另當別論。不過店剛開幕的時候，就連一個月多1萬日圓的支出都該斤斤計較。營收不多的話，會計的作業也相對輕鬆，因此就算要委託會計師也只要看情況就好。

有疑問或有事情想商量時，稅務署是最可靠的。雖然稅務署可能給人「嚴肅」、「可怕」的印象，但他們會親切地為履行納稅義務的納稅人說明。就算有計算上的錯誤也很寬容，只要不是刻意逃稅，他們就會大力幫助民眾解決問題。

另外，稅務署各轄區內的藍色申報會也很可靠。藍色申報會是以個人事業主為中心所組成的納稅者團體，只要繳交月額1,000～2,000日圓的會費，便可諮詢記帳方式、申報書的填寫方法等。

Q5 使用會計軟體會比較好嗎？

A 建議使用會計軟體比較好。會計軟體是把手寫的帳本原封不動地移到電腦螢幕上。一般而言，需要記錄營收帳款或應付帳款等5～7種左右的帳本。使用會計軟體的好處是，只要輸入資料到一份帳本裡，就能自動轉載到其他所有相關的帳本上，而且只要按一個鍵就能完成財務報表和納稅申報書的製作。

會計軟體大致上分成要安裝軟體到電腦上的「安裝型」，和透過網頁介面操作的「雲端型」。

不挑電腦系統和時間、地點的「雲端型」雖然便利，但有些會計師會不採用。

不過，如果從現在才要開始使用會計軟體，還是比較推薦雲端型。目前名氣較高的雲端型會計軟體有「freee」、「MF雲端納稅申報」、「彌生的藍色申報on line」（針對個人）這三種。雲端型軟體的使用功能和服務會不斷更新，所以何者較好就不予置評了，但這些軟體大多都有試用期，可以試用看看再選擇適合自己的。

然而，還是要盡量避免選用不普及的軟體比較保險。因為有可能某天突然就終止服務了。另外，身邊若有朋友使用同樣的會計軟體，有問題時就可以請教對方，也比較放心。

主要針對個人事業主開發的「雲端型」會計軟體（2018年2月2日當時）※含稅價

名稱	freee		MF雲端納稅申報		彌生的藍色申報on line	
	入門款	標準款	免費方案	基本方案	自助方案	基本方案
月費額	1,058日圓 ※年費制有折扣	2,138日圓 ※年費制有折扣	免費	864日圓 ※年費制有折扣	720日圓 ※第一年免費	1,080日圓 ※第一年免費
免費試用期	30天		30天		1年	1年
支援服務	即時通 電郵	即時通 電郵（優先）	即時通 電郵 ※僅註冊起30天	即時通 電郵	無	電郵 電話支援
消費稅申報	×	○	只有統計功能		○	○
資料匯出	○	○	×	○	○	○

第5章

效果驚人！
集客方案的
企劃方法

為了讓客人一再上門，除了供應美味的食物之外，
時時提供資訊、有沒有讓人感到新鮮的相遇也很重要。
這樣的咖啡店才會有許多客人聚集。

常常檢討餐點，成為「有新鮮感」的店！

檢討餐點菜單時，要以如何讓客人開心為前提思考

> 特定的菜單品項賣不出去、食材的浪費壓迫到了利潤、客人吃膩了……檢討時有哪些注意點？

重新檢討菜單品項　辨別好壞等級

以甜點為代表，義大利麵或咖哩等都是咖啡店的招牌菜單，美味可口不用說，花點心思讓客人吃不膩也很重要。不管剛開幕時生意多興隆，日後還是可能出現競爭店家，或是發生客人吃膩的情形。這種時候，該採取的對策就是重新檢討菜單。

就算是餐點的品項廣受好評、客人大排長龍的店家也會那些利潤率高且受客人歡迎的

檢討其他較不受青睞的品項。

例如，改變副菜的食材、增加季節限定的餐點、停售不符成本的品項等，**重新檢討菜單既是為了維持營收，也是為了讓常客不至於生厭所要花的心思**。

料理。優點是只要運用成本低的食材（雞蛋、麵粉等）就能輕鬆提升營收。

不過，利潤率高的餐點，若是要改原本使用的食材提高售價，或是價格維持不變卻減少分量，只會招致客人的不信任感，甚至讓常客也離去，所以萬不可行。

要注意的一點是，像這樣重新檢討菜單時，有許多人只注意到營收的高低。另外若是隨個人好惡更改菜單，結果可能反而使客人離去。重點是要依咖啡店的核心概念檢討適合的菜單。

當然菜單不能一改再改。

因為檢討菜單時，可能必須連同調理器具、甚至是食材的進貨廠商都一併檢討。

當營收開始出現停滯，判斷原因出在菜單時，基本的做法是**大力闊斧地檢討菜單來驗證效果**。

適合重新檢討的菜單，是和原先設定的目標客層一致。而來店裡的客人也未必會

對預估外的銷售狀況　應盡早思考對策

打個比方來說，原本開幕時堅持要使用自己喜歡的咖啡豆，自詡是一間能享受種類豐富的咖啡豆風味的咖啡店，後來卻因餐點意外獲得好評而熱賣的話，那就把咖啡當作推薦菜單大力推銷也行。若是能加上淺顯易懂的說明介紹餐點與咖啡的適性，便能期待相輔相成的效果。

⚫ 檢討菜單時的重點

為菜單排順位	根據分析營收的結果可知「A級」的菜單品項對整體營收有很大的影響力。因此,要大動作檢討菜單時應該優先處理A級,但還是要確認是否符合核心概念。也可以乾脆把「C級」的菜色停售。
檢查每月的營收	分析營收時,先掌握每個月的推移很重要。營業的同時挑選出過去供應過的菜色,以營收額或利潤為基準進行ABC級的分析。與此同時可以搭配時令的食材或節慶活動,組成客人喜歡的菜單。
追求庫存管理的效率化	依照A、B、C的等級來整理菜單。進貨時,要思考如何管理才能維持適量的存貨,以及如何處理剩下過多的材料,對庫存管理進行總檢驗。
掌握顧客需求	ABC分析不僅有助於了解各項菜單在營收中所占的比率,每一個品項的銷售量也能幫助我們掌握顧客需求。把菜單品項依銷售量的多寡排列,判斷哪個品項該重新檢討。
思考 CP 值	若想從不同於營收分析的觀點來探討CP值,還有一個方法是以成本為基準算出「毛利累計比率」。將〈毛利=售價-成本〉在累計營收中所占的比率作為基礎進行統計,再進行ABC分析,就能作為參考打造出符合利潤的菜單。

※分析營收的方法請參照第120~121頁。

例如,明明是針對男性設計的餐點卻意外受到女性的歡迎等等,有各種發展的可能性。當形勢演變成預估外的分析結果時,應盡早採取對策。

這時可以參考有供應類似餐點的競爭店家之類,回應客人的需求也很重要。如果有什麼特別講究的品項卻不受客人歡迎,不妨向同業徵詢直率的意見。

檢討餐點的時候,請以第120頁的營收分析為基本,參考上圖的重點。

147

不花錢的即時集客法

發送自製的傳單或活用社群網站宣傳自家咖啡店的魅力

利用網路或社群網站的話，就能以比較少的預算達到有效的宣傳。在你感嘆「沒預算」並放棄之前，先挑戰看看！

以傳單吸引客人的話附上折價券更有效

不管各位供應的是多麼好喝的咖啡，若沒有先讓大家知道咖啡店的存在，就沒有客人會上門。

因此可以說，告知與宣傳是掌握成功的關鍵要素之一。

話雖如此，剛開幕時什麼都要花錢，還是要盡量節省費用，讓我們以最有效率的方式宣傳咖啡店吧。

其中最簡便的方法是用電腦自製傳單，發給民眾。可以到行人多的車站前發送傳單，或是投遞到附近的住家、公司，這些都是能夠立即做到的有效方法。

自製傳單發送的話，費用只有紙和墨水，減少的成本部分就大方地附上折價券吧。開幕的宣傳期間就算稍有虧本，只要附上優惠折價券就能吸引客人上門。

可以的話，附上免費小禮物也很有效。首要之務是讓人覺得「想去店裡看看」。折**價券的有效期限最少要一個月以上，設定得長一點**，客人才好利用。

還有一個方法是把傳單放置在店頭，供路人自行拿取。「這裡開了一家什麼店呢？」多多讓這些感興趣的人認識你的店吧。

活用部落格或社群網站時時提供最新資訊

咖啡店的網站是不可或缺的宣傳工具。即使沒有這方面的專業知識，使用專門製作網頁的軟體一樣可以自己製作，不妨在開店的準備期間事先架好。

如果預算足夠，也很推薦將網站連同商標一起委託專業的設計師製作。

美觀的網站不僅有更高的集客效果，也比較容易能吸引媒體的注意。若無法為咖啡店架設網站的話，至少也要利用部落格之類來宣傳咖啡店裡的最新資訊。

開幕之前，就算只是用照片報告每天的開店準備進度也沒關係，**開幕後定期公布新菜單或活動訊息等，可讓自家的咖啡店給人生氣蓬勃的印象。**

推特或臉書、Instagram

● 活用網路作為宣傳的工具

網站

利用網站介紹店家的基本資訊，如咖啡店的核心概念、商品的特色與價格、地圖等。說明時附上照片，比較容易想像得出店面或商品的模樣，客人也較願意實際上門來看看。如果網站特別講究設計，也能當作視覺傳達的工具。

藉由上傳影片的方式宣傳咖啡店的「Perch」（第14頁）網站。

部落格

開幕之前可以報告準備的進度，開幕之後只要時時更新新菜單或季節商品的資訊，就能帶給人很有朝氣的印象。積極分享資訊會引起客人「想去看看」、「還想再去」的念頭。

「CAFERISTA」的部落格（第62頁）以漂亮的照片介紹本日推薦特餐。

推特、臉書

向追蹤帳號或成為朋友的客人介紹每日特餐和當天的商品。能更即時地分享資訊，可搭配部落格一起使用。若是臨時變更營業時間，也能用推特公告，相當方便。

網路商店

可讓遠方的客人也嚐到店裡的滋味，等於能夠在全國各地擁有顧客。咖啡豆若採取下單後再生產的模式就不用擔心賣不完，好處多多。不過因架設商店需要花費資金，還是等經營上軌道後再推動比較穩當。

活動資訊

舉辦咖啡課程或工作坊可望吸引之前沒機會上門的新客人。這也是宣傳咖啡店核心概念的好機會，可以在網站上放置活動時間的行事曆。

搜尋網站

到美食餐廳資訊的搜尋網站註冊資料，比自己架設網站有更多機會讓別人知道咖啡店的存在。不過，有些網站必須付費才能在上面登錄店家資訊，所以請先確認清楚。

等社群網站也是不可錯過的宣傳工具。

如果「沒有空一天更新好幾次」的話，可以在推特上發推文介紹本日的推薦商品並附上照片，會更有成效。

如果可以再加上留言，也能夠把它當作與客人交流互動的管道使用。

在媒體方面，要多善用地方的免費資訊誌或小誌等，能發揮比發傳單更有效率的集客作用。

只要藉此宣傳獨家的菜色或服務，受媒體報導的可能性也會大幅提升。

企劃活動
增加咖啡店的粉絲

企劃吸引人的活動
提升集客力，
增加回流客！

> 舉辦講座等活動是
> 增加固定客源的好
> 機會。同時也具有
> 宣傳效果，多積極
> 舉辦活動吧！

先讓許多人知道
咖啡店的存在

自家的咖啡店要開幕之時，一定要舉辦開幕茶會或是慶祝活動。這也是為了奠定未來經營的基石。

這麼做不只是要邀請朋友們共襄盛舉，或是要讓不特定多數的人知道咖啡店的存在，同時也是一個演練待客服務與作業流程的絕佳機會。

如果發現了問題點或者是需要改善的部分，就要在正式開幕前予以改善。

即使不舉辦開幕茶會，還是要記得寄開幕邀請卡給親朋好友和以前的顧客。

如此不僅能增加親友來捧場的機會，也能期待他們用社群網站或口耳相傳來幫忙散布開幕資訊。

或是在認識的人開的店裡放置咖啡店新開幕的傳單也很有效。

若是與餐飲業相關的店家，應該會有許多客人對「飲食」有興趣，來店的可能性比廣發傳單更高。

另外，若是不同行業的店家，或許也有機會獲得自己無法開拓的全新客源。總之，重點是一定要先盡力讓更多人知道咖啡店的存在。

咖啡沖泡課程
須注意的事

等咖啡店的營運上軌道之後，可以考慮為客人舉辦第90頁介紹過的咖啡課程或工作坊等活動。只要將課程的時間訂在營業時間外或公休日，活用店裡的空間，就能夠吸引客人聚集。

例如，近來由咖啡店老闆親自擔任講師，指導如何沖泡咖啡的課程也愈來愈常見。

這種課程不只是為了介紹咖啡的相關知識或技術，同時也是一個讓客人了解咖啡核心概念的好機會，能增進彼此的交流。

舉辦咖啡沖泡課程時，千萬別忘了參加者也是客人，要設計出讓客人在家也能享受咖啡的課程內容。當然，既然是付費講座，就要思考如何讓客人感到滿意。附帶一提，一般參加費是一次約一小時，價格在1000～3000日圓左右。

實際的課程若只有口頭

🏳️ 舉辦咖啡課程的重點

Point 1

內容
一邊使用器具示範技巧，一邊說明如何沖泡好喝的咖啡。介紹手沖滴濾或法式濾壓壺沖泡等內容，讓客人在家也能輕鬆實踐。

Point 2

參加費・所需時間
參加費依內容而異，一般而言一次一小時的參加費約1,000～3,000日圓左右。價格盡量壓低點，讓客人能輕鬆參加。在還沒習慣之前，時間不要設定得太長。

Point 3

發布消息
盡早在網站或部落格上公開資訊。在店門口張貼海報也是吸引經過的人注意的好方法。

Point 4

活動場地
如果咖啡店的面積不夠容納參加者齊聚，可以向地方政府租借料理教室或到顧客的住處開課。

舉辦課程的傳單範例　在店內張貼舉辦課程的傳單告知客人，容易引起客人注意

NOZY COFFEE（第54頁）　　CAFERISTA（第62頁）

除了沖泡咖啡的方法之外，還可以介紹咖啡豆的基本知識、磨豆的方法、咖啡豆的保存法，或如何沖泡咖啡歐蕾等各式各樣的內容。大型的咖啡連鎖店也會舉辦類似活動，不妨去參加看看。

講解會讓人覺得很無趣，一定要實際操作示範。而且，一邊沖泡咖啡一邊說明比較好懂，同時也能沖泡咖啡招待參加者喝。連烘焙糕點也一併準備好的話，客人會更盡興。

如果自家咖啡店的面積不夠大，向地方政府租借料理教室或直接到客人的住處開課也是可行的變通法。

開課前為了招募學員，要早一點在網站或部落格上發布消息。一開始時也可以邀請親朋好友一起來參加。

此外，就算課程的報名人數不多，也不要在快開課前突然取消，這點非常重要。請把它當作熟悉之前累積經驗的機會，好好籌劃。

善用新舊的
集客工具

活用手機APP
和外送服務
同時集客與發布資訊！

有愈來愈多的客人會利用智慧型手機的APP點咖啡，這其實也是很好的集客工具，千萬不可錯過。

吸引客人前來的
優惠服務

與供應美味的咖啡同等重要的，就是要先讓客人知道咖啡店的存在，並且留下深刻的印象。

因此很多店家開幕時會製作傳單，不是投遞到住家的信箱，就是在店門口或附近地區發送。

傳單上除了菜單等基本資訊外，還可以寫上店名的由來、簡單的自我介紹，若是附

上店面的地圖會更親切。

有些店家發的傳單可以直接當成折價券使用。讓人「無法丟棄的傳單」會刺激客人「想去看看」的心情。另外，也有很多店家會把名片結合集點卡的功能，只要讓客人覺得「賺到了」就有可能再次上門光顧。

這些既有的集客方法固然有效，但現在手機APP和外送服務等全新的集客工具也相當受到矚目。

新的集客工具
活用手機APP

手機APP已是「K's電器」、「無印良品」等品牌習以為常的工具，客人免付入會費或年費就能享受會員的優惠，類似餐飲界裡的知名服務「LUNCH PASSPORT」。所謂「LUNCH PASSPORT」是指客人只要註冊成為會員，就

能以500日圓的優惠價格享用原價700日圓以上的午餐，相當受歡迎。

再看看提供類似服務、以咖啡店為主的APP。其中最具代表性的是「Slorn」（https://slorn.jp/）。成為加盟店的好處是能獲得註冊客人的來店資訊，並可發行禮券、電子折價券或寄電子郵件給客人。

除此之外還能製作獨家的禮券發給自家的顧客，再次上門的機會。不用發行紙本的集點卡也是其優點。而且，加盟的店家全是東京都的精品咖啡店，這樣專門以精品咖啡店為主的服務，能提供符合客人喜好的資訊，這一點相當受歡迎。

● 新舊的集客服務有何差異？

集點卡	手機 APP 服務
◎服務內容 依每次的消費金額蓋章，完成集章就能獲得折扣優惠。將買過的咖啡豆種類等資訊記在上面也很方便。 ◎顧客管理 有些客人不想攜帶很多卡，或是來店裡時會忘記帶著，因此在顧客管理上感覺不到什麼優點。 ◎更新資訊 給客人的集點卡數量一多就必須印刷製作，另花一筆成本。	◎服務內容 能夠即時發布店裡的最新資訊給客人，例如咖啡店的會員優惠折扣或是活動訊息等。 ◎顧客管理 能製作專用的折價券發布給自己店裡的客人，增加回購的機會，是一大優點。 ◎更新資訊 可以直接發布資訊給客人，而且不需花費印製卡片的成本。

「AMBER DROP」（第28頁）的「咖啡券」是十杯咖啡原價5,400日圓，免費多贈一杯。也可以用於蛋糕套餐和吐司套餐的咖啡上，頗受好評。

「Perch」（第14頁）則是運用本節內文介紹的手機APP「Slorn」的服務，附送500日圓的折扣是亮點。

> 使用手機APP的電子集章功能，就沒有集點卡的麻煩，客人用起來也更方便。

點一杯咖啡
也能外送

另一個值得評估看看的新型集客方式，就是利用外送餐點的服務。代表性的服務有「Uber Eats」（https://www.ubereats.com/）。客人只要用專屬APP點餐的話，甚至一杯咖啡也能外送，因此有助於獲得每天都想喝咖啡的客人。

店家申請加盟要符合規定的條件，請先確認看看。另外，有些APP也有限定提供服務的地區，這一點也請事先確認。

能專心提供服務
讓結帳作業簡化的軟體

從結帳到管理營收和庫存，
能免費使用這些有助於經營的功能
非現金支付系統的好處是？

引進非現金支付系統最大的好處是可以省下處理現金的手續。還有很多其他好處，相當值得注意！

利用平板電腦結帳
可節省成本

近來，經常可以看見有些餐飲店或零售店沒有設置收銀機，而是使用iPad等平板電腦，以非現金支付的方式（Cashless）進行結帳作業。

對於經常以少數人打理一家店的咖啡店來說，這套系統有不少好用的功能，不妨研議看看是否要採用。

以現金結帳的話，必須花時間和精力準備零錢、計算營收，以及在關店之後結算收銀機。而且也要注意避免因打錯數字而賠錢，或要把錢保管於店內的金庫。尤其是一個人顧店的時候，負擔更是大。

有關這些問題，只要引進可用智慧型手機輕鬆操作的非現金支付系統，就能把處理現金的手續降到最少。

此外，由於不用購買昂貴的收銀機，**不僅能壓低初期投資的成本，也不需要找地方放置大型的收銀機，能更有效利用空間**。

市面上已開發出數款結帳軟體，只要選擇看起來好用的軟體下載於平板電腦就行了，要引進非現金下載於平板電腦就行了，要引進非常容易，也很方便。

目前具有代表性的結帳軟體有「AirREGI」、「Square」、「Ubiregi」等，皆可**免費下載，且大多不格設定的依據**相當方便。另

用繳月費，利用電郵或電話的客服支援體制也很完備。

不過，必須添購一些周邊設備，例如讀卡機、收據列印機，還有為現金結帳的客人準備收銀機錢箱（收納現金用）。網路上也有不少比較結帳軟體功能與價格的網站，可以參考看看。

管帳、管理庫存、盤點
都能利用免費軟體進行

引進結帳軟體的好處是隨著無現金化，能更輕鬆地進行營收金額的管理等作業。

只要事先設定好商品的金額，便能防止打錯數字，客人加點或更改金額時也很容易。還能縮短關店後進行結算作業的時間。

結帳軟體也能統計出什麼商品在什麼時間賣了多少等資料，用來作為**菜單更改或價**

154

引進非現金支付系統的最大好處

Merit 1

簡化現金的出納
只要下載專用的軟體，就能引進非現金支付系統。包括營收管理、關店之後的結算作業等，能把處理現金的手續降到最少。

Merit 2

減少營運成本
可以免費下載專用軟體。減少販售與會計的成本，而且大多甚至不需繳月費。利用電郵或電話的客服支援體制也很完備。

Merit 3

消除人多壅塞時的失誤
結帳速度加快的話，客人也會高興。除此之外還能防止打錯收銀機而賠錢的失誤。客人加點或更改金額時，也很容易操作。

Merit 4

壓低初期投資的成本
不必買昂貴的收銀機，所以能壓低初期投資的成本。而且也能放置於狹窄的地方，有效活用狹小空間。

Merit 5

統一管理資料
可活用統計營收的功能，在更改菜單或設定價格時很方便。有些軟體也有附商品管理和庫存管理的功能，甚至還能進行盤點作業。

> 必須添購讀卡機、收據列印機、收銀機錢箱等周邊設備，還請多加留意。

菜單以照片顯示，即使是初學者也不易出錯，結帳時也不用讓客人等待。「Perch」（第14頁）也有採用。

外，有些軟體兼具商品管理或**庫存管理的功能，店鋪規模較小的話，甚至可以用來進行盤點的作業。**

而且由於可以在雲端管理這些資料，即使自己人不在店裡，也能在家裡檢視，即時掌握空位數和銷售狀況。除此之外，**也有專門用來管理員工出缺勤和輪班表的軟體**，搭配使用行事曆軟體的話，也能管理訂貨的時程。

就算遇到硬體設備故障的情況，也可以先以手邊其他的平板電腦替代，應變能力很強。引進這套系統的成本也不高，不妨評估看看。

Question 問與答
申請營業許可證的流程

咖啡店開幕前，必須申請營業許可證。
先取得食品衛生負責人的資格後，還得再向保健所提出營業許可的申請。
來確認一下有哪些規定吧。

※此章節內容為日本的情形，台灣的「商業登記申請辦法」請參照：
http://law.moj.gov.tw/LawClass/LawContent.aspx?PCODE=J0080047

Q1 餐飲店的營業許可證有什麼種類？

A 在日本，不只是咖啡店，製造或販售食品的行業，都需要都道府縣核發的營業許可證。

此時請注意，如果店家供應酒類或利用店內設施為客人提供飲食，要申請的是「餐飲店營業許可證」，不是的話，則是申請「茶飲店營業許可證」。

這兩種許可證的差異在於，比起餐飲店營業許可證，茶飲店營業許可證在設備上規定較為寬鬆，例如只要店裡備有洗碗機就容許只有一個水槽等。

那麼，因為開店資金不多，只能租到狹小的店面，或沒有餘力負擔設備施工費時，或許會想說開個小店提供簡單的食物就好，所以只要申請茶飲店營業許可就夠了。但這樣可能會導致許多問題。

打個比方，對於以烘豆和賣咖啡為主的飲料外帶專賣店而言，或許這樣已經足夠，但若打算以咖啡店的形式長期經營下去，建議還是先申請餐飲店營業許可證比較好。

實際上許多茶飲店、咖啡店申請的都是餐飲店營業許可證，由此便可窺知一二。

因為只賣咖啡難以提高客單價，況且客人要搭配餐點一起品嚐的話，無論如何都需要調理用的廚房設備。

不管打算開何種形態的店，只要申請餐飲店營業許可證的話，即代表符合兩種類別的設備等基準，如此就能順利獲准營業。

附帶一提，若要自製、販售糕點或蛋糕的話，需要另外申請「糕點製造業許可證」，請多加留意。

餐飲店的營業有2種類別

類別	營業形態
餐飲店營業	一般食堂、料理店、壽司店、蕎麥麵店、旅館、外送餐店、便當店、餐廳、咖啡店、酒吧、酒館，以及其他調理食品或設置設施為客人提供飲食的營業。符合茶飲店類別的營業除外。
茶飲店營業	茶飲店、沙龍，或其他設置了設施，為客人提供酒類以外的飲料或茶點的營業

一般認知的咖啡店屬於這邊

注意！
●不能調理食品
●不能提供酒精類飲料

Q2 開店前需要提出什麼樣的申請？

A 營業許可證可到店址所屬轄區內最近的保健所申請，在此之前必須先取得「食品衛生負責人」的資格。這個資格是為了讓店家能自主管理衛生面，進行員工的衛生教育、管理設施及機器設備所設立的制度。餐飲店一定要有一人具備此資格。

另外，要獲得營業許可證，店內的構造和設備必須符合規定的基準。例如要有兩個以上的水槽和熱水設備等，有各式各樣的規定。

申請營業許可證的文件可以在保健所取得，在店面施工的預定完成日約十天前，到窗口提出申請。提交申請書後，保健所會派人來檢查店面的構造和設備是否與文件相符、有沒有符合設施基準。萬一設施未達標準就要改善該處，日後重新接受檢驗。

只要通過設施基準，便能到保健所的窗口領取營業許可證，至此才終於獲准開業。

另外，開始營業後，店內的構造、設施仍必須符合規定基準，所以要常常檢查。如果廚房設備有變更或營業內容有改變，甚至不得不歇業時，也要向保健所提交文件，請多加注意。

申請營業許可證是開店前所有人都必定要克服的手續，但其實並不困難。只是隨地區而異，設備的基準也有所不同，因此事前一定要到店址所屬轄區內的保健所諮詢意見並申請營業許可證，也可以向地方上有經驗的人士請教看看。

取得營業許可證的程序

準備

到最近的保健所參加約六小時的課程並接受測驗，通過後會給予「食品衛生負責人手冊」，所以要事前先辦好手續。

1 事前諮詢

為了領到營業許可證，店內的構造和設備必須符合規定的基準。最好在設計店面的階段就先準備好平面圖，到轄區的保健所諮詢意見。

2 提交申請文件

在店面施工預定完成日約十天前，向保健所提交申請文件。要備妥的申請文件有「營業許可申請書」、「設備的概要‧配置圖」和食品衛生負責人資格的證明文件。

3 檢查確認

保健所派人來檢查店面的構造是否與文件相符、有沒有符合設施基準。沒有達到標準的地方要再改善，日後重新接受檢驗。

4 領取許可證

即使通過設施基準，仍要一段時間才能領到營業許可證。到了領證預定日，就可自行到保健所的窗口領取營業許可證。

領到營業許可證後必要的手續

領到許可證之後，將來還要記得辦理以下手續。要是疏忽了，可能會無法繼續營業。

● 更新手續
在營業許可證的有效期限到期前辦理

● 變更手續
營業許可證的記載事項有所變更時

● 設施改裝時
食品衛生管理負責人有變更時

國家圖書館出版品預行編目資料

開一間與眾不同的咖啡店：從店面設計到開店
前準備,最實際的創業步驟詳解／Business
Train(株式会社ノート)編；陳佩君譯. -- 初版.
-- 臺北市：臺灣東販, 2019.01
160面；14.7×21公分
ISBN 978-986-475-898-2(平裝)

1.咖啡館 2.創業

991.7   107021525

CHIISANA CAFE NO HAJIMEKATA
© Business Train 2018
Originally published in Japan in 2018
by KAWADE SHOBO SHINSHA Ltd. Publishers
Chinese translation rights arranged through
TOHAN CORPORATION, TOKYO.

日文版STAFF／企劃・編輯：Business Train（株式会社ノート）
　　　　　　編輯協力：小寺賢一、永峰英太郎、三浦顯子、原田貴世
　　　　　　攝影：坂田隆、辻茂樹、菊地佳那
　　　　　　封面、內文設計：野村道子（ビーニーズ）
　　　　　　內文圖版製作・DTP：椛澤重實（ディーライズ）
　　　　　　內文插圖：佐藤隆志（店鋪）、PIXTA（ピクスタ）

【作者簡介】
Business Train（株式会社ノート）

針對創業、開店、商業領域提供內容製作到支援服務的專業集團。採訪超過五百間小型公司及店家，取自第一線且重視實務的解說獲得極高的評價。著作包含《開一間獨具風格的麵包店》（台灣東販）、《はじめてでもうまくいく！飲食店の始め方・育て方（第一次開店就很成功！餐飲店的開店經營方法）》（技術評論社）、《小さな会社　社長が知っておきたいお金の実務（小型公司社長需要知道的金錢實務）》（實務教育出版）、《フリーランス・個人事業の青色申告スタートブック改訂5版（自由業者及個人事業的青色申告START BOOK改訂5版）》（ダイヤモンド社），以及由主要成員合力編輯的作品《お店やろうよ！シリーズ①〜㉗（來開店吧！系列①〜㉗）》（技術評論社）等書。
諮詢：info@note-tokyo.com

※本書內容是以2018年3月時的資訊編輯而成。價格、菜單內容可能都有所變動，請特別留意。此外，本書刊載的內容未來可能會有無事前通知的更動。

開一間與眾不同的咖啡店
從店面設計到開店前準備，最實際的創業步驟詳解
2019 年 1 月 1 日初版第一刷發行

作　　　者　Business Train（株式会社ノート）
譯　　　者　陳佩君
編　　　輯　邱千容
封面設計　鄭佳容
發 行 人　齋木祥行
發 行 所　台灣東販股份有限公司
　　　　　　＜地址＞台北市南京東路 4 段 130 號 2F-1
　　　　　　＜電話＞（02）2577-8878
　　　　　　＜傳真＞（02）2577-8896
　　　　　　＜網址＞ http://www.tohan.com.tw
郵撥帳號　1405049-4
法律顧問　蕭雄淋律師
總 經 銷　聯合發行股份有限公司
　　　　　　＜電話＞（02）2917-8022
香港總代理　萬里機構出版有限公司
　　　　　　＜電話＞ 2564-7511
　　　　　　＜傳真＞ 2565-5539

著作權所有，禁止翻印轉載。
購買本書者，如遇缺頁或裝訂錯誤，
請寄回更換（海外地區除外）。
Printed in Taiwan, China.

TOHAN